你若不坚持，谁替你努力

IF YOU DO NOT INSIST
WHOEVER WORKS FOR YOU

吴金娥 —— 著

中国致公出版社
China Zhigong Press

图书在版编目（CIP）数据

你若不坚持，谁替你努力 / 吴金娥著．-- 北京：中国致公出版社，2018

ISBN 978-7-5145-1113-0

Ⅰ.①你… Ⅱ.①吴… Ⅲ.①成功心理—通俗读物 Ⅳ.① B848.4-49

中国版本图书馆 CIP 数据核字（2017）第 266624 号

你若不坚持，谁替你努力

吴金娥 著

责任编辑：蒋晓舟
责任印制：岳 珍

出版发行：	中国致公出版社
地 址：	北京市海淀区翠微路 2 号院科贸楼
邮 编：	100036
电 话：	010-85869872（发行部）
经 销：	全国新华书店
印 刷：	三河市兴国印务有限公司
开 本：	787mm×1092mm 1/16
印 张：	13.5
字 数：	150 千字
版 次：	2018 年 6 月第 1 版　2018 年 6 月第 1 次印刷
定 价：	39.80 元

版权所有，未经书面许可，不得转载、复制、翻印，违者必究。

序言

大浪淘沙，滴水穿石，这世上没有什么事情是可以一蹴而就的。

人并不拥有命运的特权。命运的脉络刻在每个人的手心，只有用力握紧，才能抓住转瞬即逝的念想，然后将它播种在心的土壤，培养为一个为之奋斗的信念。

信念之光可以引人前行，但生活的海洋，只有意志坚强的人才能到达彼岸。坚强的意志是可以磨炼铸就的。当坚持的砺石反复打磨着心性，便懂得：路在脚下，更在心中。纵使前路漫漫，只要坚持行走，也会伴有微风习习。

坚持是一种崇高，这种崇高来自对命运的未知，如果独自行走在逐梦的路上，深谙前途光明，或许值得赞扬，但少了一份悲壮与豪情；可若面对未知的一切，仍旧因为心中信念而执着前行，就需要巨大的勇气，而这份无畏的坚守和对梦想的维护更值得被崇敬。

坚持是一种修行，这种修行来自时间的转瞬即逝。人生那么苦短，而梦想又那么遥远，何年何月才能看到心中的彼岸，似乎成为人们心中的疑云。可是成功大多是在自我磨砺的过程中实现的。所以，任何一个能够坚持下来的人必有坚若磐石的心性和壮士断臂的决心。

崇高的修行，需要苦修的决心，虽然很多人深知坚持的力量和意义，但终究无法坚持。或许最为可怕的不是无法"坚持",而是无法"坚持下去"。坚持之所以艰难,是因为谁也无法告诉你,坚持多久是个期限,这个期限到最后会取得怎样的收获。

这个时候,懂得坚持的人会想:你若不坚持,谁替你努力?

当书名跳跃而出的时候,似乎是对每个人灵魂的质问。这种质问让人感到沉重,使人陷入思考:人类对真善美的追寻一直孜孜不倦,但是应该以怎样的姿态去追寻呢?如果人们想要去追寻,为什么又无法持久?

让人放弃坚持的绝不是时间和机遇,而是人性的缺陷与弱点:懒惰让人们避重就轻;怯懦让人们缄口不语;欲望让人们权衡利弊。本书以生动的事例为切入点,深入浅出地剖析人们无法坚持的原因,引发人们对坚持的诸多思考;以成功的案例为导向,激励人们看到坚持下去后的希望曙光。

以精神来激励精神,才是最好的方法。

精神的力量是无限的,人类文明归根结底是精神铸造的瑰宝,在众多精神高地里,总能看到"坚持"的身影。因为无论多么美好的品质,没有坚持为马,终无法持久。而无论一个梦想多么平凡与微弱,只要能够坚持下去,就足以让人仰望。

是谁,偷走了我的坚持?我们要怎样才能将这一美好的品质找回来?

愿所有读到本书的人都能够有所启发,然后将精神的力量注入现实,以坚持为马,行走在孤独而漫长的人生之路上!

目 录

"大神"只不过是那个努力到最后的人

001
- 再坚持一下，跨越成功的那一步之遥 / 003
- 没有人可以击退一个坚决的希望 / 007
- 不在坚持中爆发，就在放弃中荒废 / 011
- 不要停下来，"彩蛋"往往在最后出现 / 016
- 咬牙撑住，你终将成就无与伦比的自己 / 020
- 你的坚持，终将美好 / 025

控制不了自己，就控制不了人生

029
- 人最难战胜的就是自己 / 031
- 自制力是事业成功的必要条件 / 034
- 抵住诱惑，就关闭了罪恶之门 / 038
- 你的意志力能为你的人生续航 / 042
- 控制不好自己的情绪，就会乱了坚持的阵脚 / 046

做出明智选择，你的坚持才更有力

051 方向对了，你所做的才有意义 / 053

每个人都有自己要朝拜的地方 / 056

认定你的选择，让坚持更有理由 / 059

去更好的地方，不要用"比下有余"安慰自己 / 063

坚持去做一件事，比坚持本身更值得思考 / 067

你的选择，决定了你的目光所及 / 071

全心全意，把自己投入到一件事中

075 瞻前顾后，不如全心投入 / 077

成功是专心致志做好一件事 / 081

做好当下，就是对未来负责 / 086

拼尽全力，让你走向一切皆有可能的未来 / 090

用心把简单的事做好就是不简单 / 094

爱上那个努力的自己，才能跑到最后 / 099

反省自我，才是对人生负责

103
- 是谁，偷走了我的坚持 / 105
- 你是否想过为什么要坚持 / 109
- 总在一个地方跌倒，就该学会思考 / 113
- 坚持不是"熬中药"，而是"巧用力" / 117
- "杀死"你的不是时间，而是你把时间过得毫无意义 / 121
- 少为自己的懒惰找太多借口 / 125
- 生活的路上可以抱怨却不可以放弃 / 129

坚持，一种可以养成的习惯

133
- 养成好习惯，你觉得很难吗 / 135
- 将好习惯融入生活点滴 / 138
- 失败不可怕，积习难返最可怕 / 142
- 打败你的往往是小细节 / 146
- 当坚持成为一种习惯，一切都变得自然而然 / 149
- 今天的好习惯让你轻松实现明天的大计划 / 153
- 长年的好习惯浇灌出良好的修养 / 157

在历史烟云中追寻坚毅的理由

161 王羲之：一方"墨池"成就千年"书圣" / 163
吴道子：水珠浪花汇成江河奔腾 / 167
徐霞客：踏遍奇山异水，心中自有山河 / 170
玄奘：佛法无边，心中有念 / 174
李时珍：遍尝百草成巨著，一草一木皆有心 / 177

不能坚守梦想，你就无法成为想成为的人

181 即使日子低到尘埃，也要把梦想高举 / 183
再微弱的梦想，也值得仰望 / 186
为自己搭建成功的舞台 / 190
想哭的时候，看看自己的来时路吧 / 194
心中的远方，就是你所坚持的那个归宿 / 198
到任何时候，别忘记自己的初心 / 203

"大神"只不过是那个努力到最后的人

跨越成功，只有一步之遥，这一步之遥对于有些人而言，是一生的距离；而对于另外一些人而言，却是近在咫尺。如果一个人从未尝到过坚持的甜头，他一定会对坚持的人嗤之以鼻，并且将许多暂未取得成绩的坚持归类于"无用功"。只有曾经通过坚持实现了心中目标的人，才会懂得坚持的意义。坚持的一步之遥，就在于在坚持的过程中，修炼成了更好的自己，那或许比达成一个目标更有意义。

再坚持一下，跨越成功的那一步之遥

在人生的大海上，有许多东西是稳固不变的，就像海上的礁石，或岛上的灯塔，它们不是虚无缥缈的，而是实实在在的存在，它们不会随着波涛的翻滚而改变方向，更不会因为潮起潮落而变换位置。它们是一个目标，是一种信念。

一个人若心中有了目标，就犹如航行时有了方向，在朝着心中的那座灯塔前行时，便会感到充实与快乐。寻梦，是幸福的。

可这幸福也伴随着痛苦，如果没有艰难的过程，人们又怎会在目标达成时感受到兴奋与狂喜。一个不费吹灰之力便能达成的目标，总比不上坚持努力之后达成的目标使人快乐。因为目标固然重要，实现目标也让人欣喜，而比目标更为重要的，是人们在追寻目标的途中证明了实力，挑战了自己。而这份通过坚持获得的自信心将会使人受益终生。

在追寻目标的过程中，人们通过坚持寻找的是更好的自己。这个道理是肖露后来才逐渐懂得的。

肖露高考失败了。或许在他人看来，她的分数不错，虽然不是重点大学，但也达到了一本院校的录取分数。可是在肖露看来，自己还可以考得更好，她心中的目标绝不止如此。她理想中有一所大学，那里有未名湖水底藏着的灵魂，有诗人般浓郁的人文气息。她梦寐以求的学校是北京大学。于是，带着这个梦，她决定复读。

高中复读的辛苦是深入骨髓的，书山题海的梦魇时常害得她无法入眠，过去一年的失利也折磨着她的心绪。肖露出生在农村，县城里的高中教育十分落后，几年才出一个北大学子，虽然她成绩优异，但离北大还有很远的距离。老师也时常带着鼓励的微笑告诉她"你还是很有希望的，离北大只有一步之遥，再坚持一下就能到达！"

再坚持一下，说起来轻而易举，可是坚持的过程却需要坚强的意志。肖露掌管着班级的钥匙，她总是天未亮就早早去了教室，放学后待教学楼的灯全部熄灭，她才锁好门窗离开教室。有一天晚上，月亮很圆也很亮，银色的月光把天空照得一片明亮。肖露沐浴着明亮的月光，内心却一片黯淡，她不知道自己这么坚持下去是否就一定能够实现梦想，自己的努力是否还值得？

街道空无一人，只有月亮孤悬。从那一天起，肖露在回家路上有机会就看着月亮。那像一个明亮的"虫洞"，可以将人的想法吸进去，慢慢消解掉肖露心中焦虑的情绪，为第二天的前行积蓄力量。

一年的坚持说来很短，肖露心中紧绷的弦终于伴随着高考的结束松懈下来。成绩出来的前一晚，肖露坐在窗台上，她竟然没有任何紧张的情绪。那一晚月亮依旧很圆也很亮，她看着这个陪伴自己多时的月亮，就像一位老友，更像一个见证，见证了自己这一年来的坚持。无论此次考试会有怎样的结果，她都能坦然接受，因为，她努力过，就没有什么好遗憾的。

当肖露拿到北大录取通知书的时候，她无法掩饰心中的喜悦，这是自己努力坚持一年的结果。看着通知书上红彤彤的颜色，肖露觉得自己未来的人生一定也会更加灿烂。并不是因为她考取了理想的学校，而是因为她在一年的复读中，用亲身体验证明了一件事，那就是自己原来可以这么坚强，可以坚持这么久。这种对自己的认识会促使她在今后的人生中，更加敢于树立起新的理想，也更加努力去追寻自己想要达到的目标。

她还明白了：想要做成功一件事，虽然没有想象中那么简单，但也绝没有想象中那么艰难，只要脚踏实地坚持努力，离成功真的只有一步之遥，而这一步之遥并非是一生的距离，并非是可望而不可即的，它是能够通过自己的努力坚持去实现的。

《孟子·尽心章句上》有文曰："有为者譬若掘井。掘井九仞而不及泉，犹为弃井也。"无论是学习，还是生活，如果总是半途而废，人就会对自己的选择产生怀疑，甚至认为生活欺骗了自己。可是如若有一天，能够掘井九仞之后再坚持一下，直到泉水汩汩而出，那么这个人在今后的人生中也会拥有更大的勇气去面对困难。

人们的勇气是在坚持之中积攒而来的，每一次通过坚持而获得的成功，都将为下一次的坚持助力。21岁时，史铁生双腿瘫痪，医生口中的"死"仿佛给他下了判决书。可是他的心态，从"盼望死亡"逐渐转变为"向死而生"。在《我与地坛》里，史铁生写到，"我一连几小时专心致志地想关于死的事情，也以同样的耐心和方式想过我为什么要出生"。几年后，当他想明白，他在文中写到，"死是一件不必急于求成的事情，死是一个必然会降临的节日。"这种想法促使他更好地活着,他延缓了死亡到来的期限,并用文章在读者心中留下了永生。

正如他在《命若琴弦》中所讲的故事。当瞎子艺人弹断1000根琴弦的时候,打开了琴匣,并没有发现老艺人所说的琴技秘方,可是在他坚持一生的弹奏中,他已经获得了天籁之音的秘方啊!于是,他在交代弟子时,送给弟子一把琴,按照师傅的说法重述了那个关于琴技秘方的传言,只不过,他将1000根琴弦改成了1200根。

或许,弟子一生都弹不断1200根琴弦,但是师傅知道,在弟子坚持弹琴的一生中,早已练就了高超的琴技。成功不是非要到达终点,而是在坚持的过程中,跨越自我的那一步之遥。当人们在追逐梦想的过程中不断坚持,对于自身是一种持续的修炼,这时,能否到达终点已经没那么重要了?或许在达到终点时,人们早已超越了终点的局限,有了更高的境界。

本节小结

跨越成功的一步之遥,这一步之遥,来源于追梦途中人们内心对自我的认知,来源于坚持路上人们对品质的修炼。一个对理想有信念的人,一个为了理想奋斗不息的人,无论他最终是否到达期待中的彼岸,他的一生都不会因为自己的懒惰或是平庸而感到悔恨。因为成功对他而言,并非远隔一生的距离,真的只是一步之遥,只不过是朝着更好的自己,更近一步。

没有人可以击退一个坚决的希望

人们常用"坚如磐石"来形容一个人的坚毅，实际上，当人们心怀希望而坚持下去的时候，又何止是坚如磐石。一个心怀希望的人，可以不达目的不罢休，甚至能用最宝贵的一生来换取自己的人生追求。

星星之火，可以燎原。一个坚决的希望，无论是多么渺小和微弱，只要能够有着"咬定青山不放松"的精神，坚持不懈，便可以燃起漫天大火，将人生燃烧得更加炽热和红火。

拿破仑说"不想做将军的士兵不是好兵"，如果一个普通的士兵心怀梦想与信念，那么他就因此而变得不再普通。他不必告诉他人自己的信念，但这个信念会促使他在生活中永远积极且充满斗志。如果有一天他成了将军，只不过是因为这颗信念的种子长成了参天大树。

信念只是成就自我的第一步。信念不是挂在口边的随心之谈，更不是摆在墙上的艺术品。人们总会为了实现一个信念而具有无比强大的动力，当一个坚定的信念从心中萌生，必然伴随着从心底甘愿为之行动而绝不悔恨的想法。

600年前，明朝的一位官吏叫作万户，扬言要登天，虽然在实验中，他付出了自己宝贵的生命，并一度成为人们的笑柄。但是当历史的车轮滚滚向前，人们再回头看看万户，他飞天的梦想确实并非妄想。人类飞天的梦想从未中断过，终于在经过了无数代人辛勤的探索之后实现了。并且，人们现在不但可以升天，还踏足到了外太空，未来或许还会飞去更远。因此，任何敢于去想的人都不是异想天开，因为人类探索的脚步从未停歇。

水滴坚持不懈滚动，才能一路汇集，最终形成奔流不止的江河海洋；雪花坚持不懈凝结，才能漫天飘落，最终使整个天地银装素裹；而人类坚持不懈，才能不断拼搏进取，克服未知的障碍，最终实现伟大的梦想，在光辉的史册上留下浓墨重彩的一笔。

一个人若真的下定决心坚持下去，是没有必要和他人诉说自己心中所想的，一个坚决的希望是能够成为人们源源不断的动力，让人们为之奋斗的。坚持还是一件需要时间证明的事情，任何坚持都不是激情饱满的冲动，而是人们在深思熟虑之后愿意为之奋斗终生的事业。一旦人们有了一个可以为之耐心付出、缄口不言、日月更替而不更改的希望时，这个希望就足够坚决，足够强大，足够用自身发出的光芒照耀逐梦者前行的方向。

一个坚决的希望能够有多大的力量呢？一定不要忽视了希望的作用，或许一个小小的希望就能如同核聚变一样，可以产生巨大的能量。

让无数中国人世代铭记于心的抗日战争：在艰苦的环境里，唯一支撑着中国无数革命先烈坚持下去的，只有一个坚决的希望，那便是保家卫国。

在这场旷日持久的战争里，无数的革命志士对国家的未来始终心怀憧憬和希望，不惜抛头颅、洒热血，献出了宝贵的生命，把痛苦和磨难留给自己，把美好和未来留给后人。

杨靖宇便是抗日战争时期涌现出来的伟大民族英雄之一。他率领东北的军民和日寇进行了血战，当时情况异常艰苦，冰天雪地、弹尽粮绝、后援物资也无法跟进。他被困于山上，孤身一人，和大批的日寇进行了几天几夜的激战，最后英勇牺牲。他死后尸体被日军解剖，因为他们无法理解，在没有粮食补充的情况下，他是如何能够支撑这么长时间的。后来日军在他肚子里发现了大量无法消化的草根、树皮。在场的日本人无不受到莫大地震撼。

杨靖宇心怀坚定的希望，坚决不向日寇投降，坚持战斗到生命的最后一刻。哪怕没有粮食，他用棉絮延续生命，也要抗击到最后一刻。正是有千千万万这样的革命志士，才有了今天的美好生活。

一个坚决的希望有多么大的能量？那或许是比火苗还要炽热，比江水还要汹涌的存在。它不能发热，却能够让人们的胸膛滚烫；它不能流淌，却能在人们心中翻滚起巨浪。那些为了中华崛起而奋斗的英雄儿女们，他们内心坚决的希望被写进了历史的篇章，成了屹立不倒的伟大丰碑。

一个国家，因为有着无数人为了希望坚持不懈地奋斗，便能够不断变得富强；一个人，因为心中希望不灭，脚步也永不停歇，哪怕他命运多么坎坷，经历多少不公的对待，到最后，他一定会变得更加强大。

所以当人们抱怨生活不公，艳羡他人功成名就的时候，请多想一想，为了得到想要的成果，他人付出了怎样的努力，他人做到了怎样的坚持。而自己呢，是否真的拼尽了全力，为了心中那个坚决的希望放手一搏？想要收获不一样的人生，人们只能从即刻努力，为了心中的梦想，马不停蹄地努力再努力,在坚持不懈地努力之中,实现自己的人生价值,同时为推动人类社会的进步做出贡献。

一个希望有多坚定,只有心知道!有了那比磐石还要坚固的希望,人们便愿意无怨无悔地付出行动,坚持不懈,督促自己不断努力和进步。

本节小结

人生虽然不过短短百十年,却玄妙无边,充满了无数的奇迹。一个人倘若扬言想要创造奇迹,走上巅峰,乍听起来,有些狂妄自大,但是这世上本就没有什么是不可能的。如果他能够坚定心中的理想,勇于挑战,奋斗不息,坚持自己的事业,那么他的未来就有无限的可能。

不在坚持中爆发，就在放弃中荒废

坚持的力量就如同水滴石穿，是一个量变到质变的过程。坚持之所以有意义，一方面是因为坚持的过程是人们挑战自我的过程，另一方面是因为当人们坚持下去就会发现，很多事情并没有想象中那么艰难。当量变形成质变的时候，那些你以为做不到的事情就这么在不知不觉中做到了。

可是，很多人却很难坚持到形成质变的时刻，便半途而废。如果坚持没有达到终点，或许也是一种人生经历，但终究不会让人产生实现目标的快乐，多少会有些遗憾。任何一个伟大的事物要从细小之物成长起来都需要一个过程，而让人们甘心在漫长的过程中坚持下去的因素却有很多。坚持是一件不必急于求成的事情，因此，人们在坚持的路上需要有耐心，如果总是急功近利，那么很有可能还未坚持到最后便被摧毁。

古今中外，涌现了数不清的成功人士，他们每个人取得成就的领域虽然各不相同，但是他们都有着一个共同点，那就是为了目标和梦想，坚持不懈、坚定不移。没有任何人的成功是轻而易举、一蹴而就的，即使是在某一领域有着天赋和造诣的人也需要后天的努力和坚持才能达到一定的高度，实现自己的人生目标。

想要获得成功，就要比别人付出更多的努力，不在坚持中爆发，就在放弃中荒废。或许有的人已经咬牙挺到了最后，但是在快要成功的时候，没有坚持住，这样便等同于是亲手放弃了唾手可得的成功，实在太令人可惜了。

一个人拥有坚持不懈的精神，或许不一定就能够走向成功。但是一个人倘若不具有这种精神，遇到事情瞻前顾后、退缩不前、犹疑不决，即使确立了目标，也是摇摆不定，不能坚持到底，这样恐怕也是永远无法走向胜利的。

坚持二字虽然说起来简单，也并没有难以参透的玄妙，但是在付诸行动，实际操练的时候，很少有人能够做到。现实生活中大多数人都过于浮躁。浮躁是坚持的敌人，人们往往被浮躁迷惑了双眼，从而看不到未来，变得消极颓废。而成功是需要人能够静下心来，面对初心，抛却杂念，朝着心中的目标，一点一滴前进的。

万事开头难，坚持也是如此。可是很多人在熬过了最初的艰难时刻之后却退缩了，实在是令人惋惜。如果一个人能够在想要放弃的时候咬牙坚持，最终一定会获得回报。上天不会亏待任何一个坚持努力的人，这是大自然对人类坚强精神的馈赠。

从古至今，大人物们早就看破玄机，懂得坚持才是通往成功之门的钥匙，懂得不积跬步，无以至千里，不积小流，无以成江海。遥远的路途，是从脚下的每一步积累而来；波澜浩瀚的江海，也是从每一股细小的溪水汇集而成的。想要一步登天，一口吃成胖子，是没有办法实现的。

随着社会的发展和人们对于健康的要求，现今减肥健身已经逐渐成为一种热潮。在健身界，赵奕然算是比较知名的一个人了，他被"胖友"们亲切地称呼为"中国减肥英雄""懒人减肥明星"。

赵奕然曾经是一个不折不扣的肥胖人士，他在肥胖期间，遇到了很多麻烦，健康和工作都受到了影响。当意识到自己已经被肥胖所困扰的时候，他便开始立志减肥。于是他订好计划，开始每天做运动，从不间断，并严格控制饮食，每天的脂肪摄入量也都是在精心计算的范围内，再没有一天暴饮暴食。在这样日复一日的坚持中，经过了8个月的时间，他成功地从130公斤减到了70公斤。数据是非常惊人的，他也为此付出了常人难以想象的汗水和努力。如果在这8个月的时间中，赵奕然中途稍微松懈一点，或是不能始终坚持，健身减肥计划最终都会失败。

减肥可以算是非常痛苦而又漫长的过程。也有很多人想起肥胖带给自己的坏处，下定决心要减肥，可是却很难控制住自己想吃零食的欲望，更难坚持每天去做运动，最终也是不了了之。而赵奕然在整个减肥的过程中，无论是最初疯狂掉肉阶段，还是中后期的瓶颈期，他都始终将目标牢牢记在心底，每天坚持吃清淡的饮食，按照计划运动，最终才达到了自己想要的效果。

赵奕然不但收获了健美的体型和健康的身体，还通过总结自己的减肥经验，推出了独具特色的健身操，为无数想要减肥的人提供帮助。试问如果没有坚持到底的强大毅力，如何才能收获这一切呢？如果不是在坚持的道路上用心探索，又怎会有震撼他人的瘦身效果？坚持的重要性不仅仅体现在健身减肥上面，想要做成任何事情，都离不开坚持二字。

想要做成某件事情,是没有什么捷径可以走的,如果有捷径,那也只是小概率事件,并不是人生的常态。人们只有认准目标,坚持不懈地走下去,才有机会看到希望的曙光。坚持看似简单容易,毕竟每个人只要愿意,没有任何门槛,都可以做到,但是它又是世间最难做到的事情。做事总爱"三天打鱼,两天晒网"的人,很难在工作或生活中取得一定的建树,毕竟能够一如既往,坚持到底的人,终究还是少数。

正是因为坚持不懈地成长,丑陋的毛毛虫能够破茧成蝶,翩翩起舞;正是因为坚持不懈地流动,柔弱的水滴才能够突破阻碍,击穿石头;正是因为坚持不懈地努力,无数个平凡的人才能够实现自己伟大的梦想,叩开成功之门,过上自己想要的生活。

可惜的是,很多人并不是不懂得坚持,而是在坚持的困苦中临阵脱逃。坚持的确是一件很辛苦的事情,可正是因为坚持难能可贵,所以能够坚持下来的人才能够收获他人无法体会的成功体验。或许当人们下定决心去做某件事的时候,最初心中都燃烧着熊熊的激情,可是很多人在行动开始之后,激情慢慢退去,人也变得浮躁,于是无法坚持下去。最终人们只是收获一次失败的尝试,并在放弃中荒废了最初的想法。

当坚持走到了瓶颈,就好比人们走入一片茫茫的黑暗之中,周围没有一丝光亮,前途也遥不可及。此时别无他法,只能咬牙坚持下去,毕竟世界上根本就不存在救世主,能够拯救自己脱离苦海的,只有自己。正如一代高僧玄奘的取经之路,虽然路途遥远,坎坷磨难繁多,但他始终依靠自身的力量,克服万难,最终取得真经,重返大唐,普度众生。

不在坚持中爆发,就在放弃中荒废。既然已经走了这么远,已经受了许多苦难，为什么不再坚持一下，看看最终的风景呢？当前行的过程中，遇到一系列的困难和挫折，即使跌倒了，抑或是受伤了，不要害怕和退缩，要勇敢而无畏地坚持走下去，要用强大的毅力支撑着自己，做到这些的人终将能跨越障碍，走向成功的彼岸，收获丰硕甜美的果实，看到不一样的壮丽风景。

本节小结

想要实现目标，就需要持之以恒地坚持；而想要战胜困难，更需要坚强的意志力。人生旅途之中，必然会遇到惊涛骇浪、狂风暴雨，这个时候倘若没有强大的意志力支撑，是很难坚持下去的。那些半路折返的人，无论距离终点多么近，都不算是成功者。只有那些冲破了最后的屏障，坚持到终点的人，才是笑到最后的赢家。

不要停下来，"彩蛋"往往在最后出现

自古以来，坚持一直被认为是通往成功之路的必备品质，能否坚持是影响一个人事业成败的关键因素。一个人如果能在前进的道路上坚持不懈地努力，哪怕他现在离成功的目标很远，但只要一刻不停地朝着目标前进，他也会一步一步接近成功的顶点；相反，那些遇到一点点挫折就轻言放弃的人，不管当初他的梦想多么光芒万丈，最终也不过是光芒下的一点影子。

时代在变幻，每一分每一秒都有新鲜事物出现。在这个与时俱进的时代，坚持还有意义吗？人们似乎在很多方面都可以走捷径，那么为什么还要强调坚持呢？答案就是，坚持永不过时。无论是家财万贯的"富二代"，还是一贫如洗的穷小子，想要做成一件事，绝不是一蹴而就的。想要拥有炉火纯青的艺术造诣、想要得到博学多识的知识技能，都需要人们坚持学习与积累才能收获真才实学。

有关坚持的故事大大小小有很多，这里说一个发生在我们身边的真实例子。小雨是一个90后女孩，她不过是一个专科生。但她从大三下学期便开始决定考研，她的目标非常明确——某"211"学校的管理专业。当她说出自己的想法时，父母虽然都很支持她，却也比较担心，毕竟考研除了能力以外还要拼耐力，并不是有一腔热血就可以的。一直以来小雨也不是一个特别优秀的孩子，她算不上聪明勤奋，之前还逃过课、挂过科。可是自打她决定考研之后，她似乎变了一个人，突然之间对生活有了规划。她曾经在图书馆待30分钟就会觉得浑身不舒服，现在可以从早上一直待到晚上才回宿舍。

刚开始室友们都以为她可能坚持不了几天就会放弃，可是没想到她就这样一直坚持到了考研的前一天。这期间，也发生过一些事情。小雨把全部的心思都放在了考研上，男友因为感觉被忽略而离开了她。但是小雨并没有因此而中途放弃学习，而是依然按照自己的规划默默咬牙坚持着。最终小雨顺利通过了初试和复试，如愿考上了她心仪的学校。她不仅仅是想要向父母证明自己，更多的是因为她明白，在这个世上，能够改变自己命运的只有自己，而在努力改变的过程中，坚持不懈是至关重要的。其实每个人都想要变得更好，但真正能够实现的往往是那些坚持到最后的人。

与小雨一样，黄莉也是因为在坚持中不放弃，才最终在工作上大放异彩。

黄莉在学校时属于内向的人。她的交际能力不太好，后来学校安排就业实习，她被安排去了某保险公司。作为一个刚刚出去工作的学生，她没有任何工作经验，在学历上也并无优势。

刚去公司的时候，老板安排黄莉做话务员工作，也就是通过打电话向潜在客户推销保险产品。每天成百上千个电话打得大部分同事都感到非常疲惫，有些时候还要被客户骂，这也让黄莉感到十分委屈。渐渐地大家开始抱怨了，有的同事忍受不了离开了公司。实习期有三个月，这期间大部分的实习生都没有坚持完三个月就辞职离开。黄莉本来也十分纠结自己是否应该离开。可恰巧遇到了一位比她早入职的师兄。师兄告诉黄莉自己刚来的时候也和她一样，每天面对繁重的工作应接不暇，自己也曾有过辞职的想法。可是后来他学会了在单调枯燥的工作中寻找乐趣，每次给客户打电话的时候，都不仅仅是推销保险，而是借此来锻炼自己的口才和交际能力。于是，在坚持两年以后，师兄终于成了片区经理，如今是公司出众的销售人才。师兄告诉黄莉只要坚持下来，一定可以学到更多的东西，虽然这个过程是痛苦的，但是结果一定是好的。

黄莉听了师兄的话，最终决定留下来。她不断地总结打电话过程中需要注意的问题，并且虚心向前辈们请教，最终她成了所有实习生中出单率最高的那个。在三个月实习期满之后，她被公司以高薪留下，不久还荣升为小组主任。

现如今黄莉在保险行业越干越好，在实习期的锻炼让她逐渐习得好口才，她还在工作和生活中收获了许多朋友。黄莉最后的成功就是因为最初的坚持不放弃得来的。倘若当初黄莉因为看不到未来而放弃，像大多数人一样遇到挫折就抱怨离开，也就没有今天的黄莉了。哪一处人事不复杂？哪一份工作没有挑战性的一面呢？很多人都抱怨当前社会工作压力大，给自己的不坚持找各种借口。他们频繁离职，又频繁出现在各大求职网站，最终在一次次的半途而废中一无所获。

许多在工作中浮躁的人们，用换平台的方式来制造假象安慰自己。实际上，坚持下去，从底层的小事做起，自己的能力提高了，自然会被委以更重要的任务，逐渐摸清这个行业运行的规律，并且掌握更多这一行业的核心技能和资源。

坚持的意义不仅在于它能够让人们更加靠近目标，更在于在坚持之中人们看到了未来的无限可能。而那些坚持之后意想不到的收获就像"彩蛋"一样振奋人心，让人们有理由相信，只要永不停止奋斗，就会在下一个人生的路口收获意外的惊喜。

本节小结

在坚持的路上，不要害怕坚持之后没有收获，这种想法只会让人们在坚持中带着疑虑而不能全身心地投入到自己想做的事情之中。只要确定了自己的方向，有了奋斗目标，并且将目标具体化，朝着自己的目标规划一步一步前进，最终结果往往都是令人满意的。如果在坚持的途中因为种种外在的诱惑而放弃了自己原本应该做的事，半途而废，那才真是让人遗憾的事情。

咬牙撑住，你终将成就无与伦比的自己

当人们在坚持对抗环境的重压中看见自身的渺小，在坚持修炼自我的单调中感到前路漫漫，在坚持创造成功的路途中感到无能为力的时候，人们常常会思考一个问题，坚持的意义到底是什么？为什么要坚持？这样咬紧牙关真的会有收获吗？或许这只是一次失败的尝试，只是孤注一掷的冒险……种种怀疑漫上心头，让人感到千头万绪却又束手无策。

其实世界上除了少数的天才之外，大多数人都是智力相差不大的普通人，但是为什么有的人就能够活出自己的精彩，而有的人就一辈子碌碌无为呢？

那些成功者或许依靠的并不是过人的天赋，而是对于梦想的执着。一个人如果能够专注于一件事情，几十年如一日，心无旁骛、刻苦钻研、坚持不懈，肯定是能够做出一定成绩的。在决心做一件事情的时候，人若能督促自己一直热血满满地坚持下去，是非常难能可贵的，而能咬紧牙关坚持到最后的人，便是那为数不多的佼佼者。

无论中外，人类智慧的结晶都闪现着引人深思的光芒。在西方也有一

个关于坚持的小故事。

那是一个动物世界的盛典,一群蛤蟆站在金字塔底仰望着高耸的塔顶。它们要比赛,看谁能够到达这座不可攀登的高峰之上。比赛开始了,气氛十分紧张,蛤蟆们都奋力向上跳着,不敢有丝毫懈怠。

比赛进行了一半,一旁围观的动物们一阵唏嘘,感叹道:"让雄鹰飞上去或许还有可能,让蛤蟆爬上去简直是天方夜谭,还是不要再为难这群可怜的蛤蟆了吧,它们是无法到达目的地的……"许多蛤蟆听到大家的嘲笑,开始泄气了,加上天气炎热,酷暑难耐,它们纷纷败下阵来。但还有一半的蛤蟆仍在坚持着。

围观的动物们继续高喊着:"喂,你们别做无谓的挣扎了,就算你们还能多坚持一会儿,也是无法到达顶端的,不过是徒劳罢了!"这一论调击垮了许多本就有些难熬的蛤蟆们。它们虽然爬过了一半,但心中早已充满了疑惑,甚至开始怀疑当初自己的坚持是否值得。如今听大家这么说,它们就更没有理由再继续咬牙坚持了。

很多蛤蟆都停下来了,只有一只蛤蟆还没有放弃,坚持一步一步向上跳着。它累得满头大汗、气喘吁吁,却丝毫没有要停下来的迹象。终于,这只蛤蟆爬到了金字塔的顶端,赢得了比赛。而当它转过身来时才发现,自己的同伴竟然都相继停在了半路。动物们欢呼着祝贺在塔顶的它,没有谁会相信一只蛤蟆会到达金字塔的顶端,但是它却做到了。不能否认参加比赛的蛤蟆都是有想要到达顶端的想法的,但是它们中途因为各种原因撑不下去而选择放弃,最终也只是一群普通的蛤蟆。人生中也如是,咬牙撑住一段难熬的时间,或许接下来就会有一片豁然开朗的天空,迎来的也将

一 「大神」只不过是那个努力到最后的人

是更好的自己。

坚持的过程就是一场苦修，为了一个不确定的结果去拼搏努力，这需要勇气。在现在的娱乐圈中，许多明星正是因为有着坚持不懈的精神，才守得云开见月明。当红花旦赵丽颖就是这样一个例子。

在进入演艺圈之前，赵丽颖学的是空乘专业，对于表演，她并不是科班出身，但她心中一直都有一个表演的梦想。2006 年，赵丽颖在"雅虎搜星"比赛中获得了冯小刚组的冠军，从此便开始了自己的演艺生涯。

由于非科班出身，赵丽颖进入演艺圈之后，一直都饰演着小配角，但是她从未放弃过对于表演的学习和钻研。在拍戏过程中，她经常去观摩主角们"飙戏"，并且揣摩其中的表现技巧。通过坚持学习，她的演技得到了提升。从《新还珠格格》中的晴儿，到 2010 年的《新红楼梦》中的邢岫烟，再到《宫 2》中的小角色，赵丽颖几乎从来没有担任过主角，但她的成长却是有目共睹的。她的坚持与努力打动了编剧于正，于是在《陆贞传奇》中，于正启用赵丽颖担任女主角。在长期的学习实践中，赵丽颖的演技早已达到了专业水平，而她对于人物情感的揣摩和拿捏也十分到位。这部剧一经播出，就夺得了收视冠军。赵丽颖长时间的积累和学习，也让人们在观看电视剧的过程中，发现了这位努力上进而又有个性的姑娘。赵丽颖咬牙坚持住了那段无名时光，没有抱怨和放弃，坚持用努力来收获更多，最终才成就了现在这个演技极佳，被观众认可并喜爱的当红小花旦。

与赵丽颖相似，许多明星都曾有过"灰暗时期"。周星驰和成龙都跑过龙套，周杰伦也曾在小房子里奋笔疾书地写歌曲。事实上，大部分人的起点都不会太高，即使是一个天资聪颖、极具天赋的人，也会因为资历、经验不足而不被人肯定。如果一个人太急功近利，在应该沉淀的时候选择浮躁，只能是浪费了学习的大好时机。这时候就应该沉静下来，积累经验、努力修炼，当量变达到质变的时候，一定会收获意想不到的成果。即使不会成为大红大紫的明星，但在艰难困苦的时刻，仍然咬牙撑住的人，最终也会成就一个无与伦比的自己。

咬牙撑住痛苦吗？当然痛苦。可是如果放弃了，真的不会遗憾吗？英国史上一位找工作最久的人伊万斯说过这样的话："当被拒绝时，我感到垂头丧气，但我从未停止尝试，我一定要找到一份工作。坐下来靠吃福利过日子很容易，但我不希望虚度余生。""我相信只要不断地找，不管多少年，有朝一日我一定能找到一份工作。现在终于有了回报，我的信心也提高了，虽然在去工作前有点紧张。"伊万斯有因为手术后遗症导致的癫痫病，在他找工作的27年时间里，许多家公司都因此将他拒之门外。可是他始终没有放弃，最终找到了工作，这份坚持着实让人感动。在伊万斯找到工作的那天，他内心充满了喜悦，他明白，正是之前的种种努力和那些看似不太奏效的坚持让他实现了自己的目标。

有些时候，咬咬牙就过去了。很多事情都是要经过漫长的努力才能实现的，实现的过程中也有很多困难。一大部分人会被困难打败，中途放弃，只有小部分人可以排除困难，咬紧牙关，一心朝着梦想进发。最后人们会发现，一个人若能够咬牙撑过那段灰暗的人生，就会如蜕变的蝴蝶一般，收获无与伦比的美丽。

本节小结

其实，咬牙撑住的过程也是美好的。罗曼·罗兰曾说："最可怕的敌人，是没有坚强的信念。"坚强的信念就像是悬挂在树梢的果实，你想要摘到它，就必须奋力一跃。这份信念使得你每次的跳跃都显得信心满满而又精神抖擞。

你的坚持，终将美好

坚持，不一定会成功；但不坚持，一定不会成功。

坚持就好比行走在一条浓雾笼罩的路上，就算看不清前方究竟是什么，但依然要坚定地走下去，为了心中那个向往的地方；也为了穿过浓雾时，脚边的青草野花；更为了那个勇敢而美好的自己。

很多时候，人们常常挂着泪珠哭诉："为什么我明明很努力，却得不到想要的结果？为什么无论我做什么事情，都容易半途而废？"人们总想要成为自己想成为的那种人，拥有自己想要的人生。但可惜的是，并非每个人都能像自己想象中那么有毅力，没将努力坚持到最后一刻，因此与成功擦肩而过。

"为什么要努力？又为什么要坚持？"这些问题萦绕在人们的心中无法散去。"种瓜得瓜，种豆得豆"，人们所付出的每一分努力，与所得到的收获都是成正比的。所以说，一个人只要认准目标，坚定不移地走下去，定将会跬步千里、滴水石穿，得到与努力相匹配的收获，也终将会让自己变得更美好。

一日一钱，十日十钱；绳锯木断，水滴石穿；锲而不舍，金石可镂。古埃及法老动用10万劳工和奴隶，耗时20年才建成神秘威严的金字塔；万里长城持续修建了2000多年，历经20多个诸侯国和封建王朝，才有了如今功于后世的世界奇迹。在坚持中，人们可以看到从量变到质变的神奇。

苏格拉底有次为了测验学生，上课时布置了一个作业，要求学生们每天把手甩100下。一个星期之后，他问还有多少人仍然坚持在做，大多数人都坚持做了。过了一个月，他又问了同样的问题，然而只有一半的人在坚持做。等过了一年，他再问学生的时候，所有的学生之中，只有一个人坚持下来了，这个人就是古希腊伟大的哲学家——柏拉图。想要成功，想要脱颖而出，出类拔萃，乃至成为伟人，并不是一蹴而就的，唯有坚持才是重要的一环。事实上，一个人如果能够坚持去做一件事，就已经可以超越很多人了。

朱熹曾经说过："书不记，熟读可记；义不精，细思可精。惟有志不立，直是无着力处。"对于不会背诵的文章，只需反复诵读便可以记住，对于不可深知的道理，仔细思考就可以有所领悟，但是对于那些不肯立下志向、努力坚持的人来说，根本就没有什么办法可以挽救。

爬山对于生活在高原上的人们来说，简直就是家常便饭。爬山的本质，是人和地心引力不断做斗争的过程，更是考验一个人恒心和耐力的拉练。如果一个人背负了重担或是比别人更胖，若想要到达峰顶，就必须付出比别人更多的努力，只有坚持不懈才是他唯一的出路。

要相信，真正的勇士，从来不会介意命运的不公。他们会立足脚下，一点一滴地坚持着，努力着，穿上厚重的铠甲，用手中的利刃为自己开辟出一条光明的前路。

　　赫赫有名的爱迪生曾经花费了整整10年的时间去研制灯泡,中间遭遇了无数次的失败。但他从未退缩,一直咬牙坚持着,经受了数万次的试验,他才终于取得成功。如果他仅仅尝试了几次,就轻言放弃,那今天的人们,还能享受到光明带来的方便与快乐吗?

　　坚持是一种美德,不要害怕坚持下去没有收获。如果你的收获是内心的安然,抑或对人生的力争,那么,坚持的过程,本身就是一种收获。

　　或许,一个努力坚持的人,在踽踽而行却仍未看见前路的时候,心中会有疑虑:坚持究竟有没有意义?是不是走错了方向?如果你还有最初的梦想,请务必再坚持一下。其实人世间根本就不存在最好的选择,那些所谓的成功者,都是按照自己的心愿,证实当初的选择,然后拼尽全力,用义无反顾的坚持走出了属于自己的人生道路。无论此时的你正在经历着什么,但是请不要轻言放弃,因为从古至今,从来没有一种坚持会被辜负。

　　海伦·凯勒的《假如给我三天光明》让所有读者动容。她双目失明,无法感知世界的五彩斑斓,但是她却从未想过放弃,她不愿做蜷缩在角落里被人同情的弱者,而是选择勇敢地探索世界。在她的坚持下,她终于从一个默默无闻的小女孩儿变成了一个强大到让世人敬重的女人。

　　海伦·凯勒是如此不幸,她完全可以放弃自己的梦想,然后躲在黑暗的角落里逃避这一切。即使她真的这样做,相信也不会有人去责骂她。她的家庭条件尚可,她也完全可以整日躺在床上或是坐在轮椅上,自然会有人来服侍她。然而她擦干眼泪,拒绝颓废和平庸,在老师的帮助下学习盲文、触摸事物，感受着这个绚丽多姿的世界。最终她凭借着自己永不言弃的信念和坚持不懈的努力，在她理想的天空中涂抹上了万丈光芒。

心中有目标，脚下有信念，就会让人们在坚持的路上，走得更远。只要人们认准目标，脚踏实地，排除万难，全心全意管好自己的言行，坚持不懈，拒绝好逸恶劳，一点一滴地努力进步，终会取得意想不到的硕果。

坚持，犹如穿行在浓雾笼罩的路上，前路虽然遥不可知，但走过这一段迷雾，就会柳暗花明。重要的是，即使长路漫漫，你也要知道，你正向着心中的愿景，向着那个更好的自己一步步迈进。

本节小结

很多人都在抱怨命运的不公。的确，出身经济条件优渥，有着良好修养和文化水平的家族，是一种人生的幸运。但是这些东西并非人的意志力可以决定的。人海茫茫，每个人都有自己的来路和归途。一个人如果没有体验过孤独可怕的黑暗，没有经历过痛彻心扉的过往，永远也体会不到看见浩瀚星空的喜悦，更加不会理解黎明的含义。那些来自生命中的力量，将使人们成为真正的自己，而非任何人。坚持才能成就自己！

控制不了自己，就控制不了人生

你的大脑并不是你，你的大脑是（属于）"你的"大脑。也就是说，尽管你用它思考，好像它也在指导你的行为，但是你要明白，你不应该隶属于你的大脑，而应该是它隶属于你，你"可以控制你的大脑"——分清"主仆"很重要。如果一个人总是让自己"跟着感觉走"，那么他就成了大脑的"奴隶"。

人最难战胜的就是自己

五月天在《倔强》中有一句歌词:"我不怕千万人阻挡,只怕自己投降。"相信当"五迷"们听到这一句歌词的时候,他们眼前浮现的是五月天这个组合从最开始的地下乐队,奋斗成为今天超级明星的心酸历程。

每个人的奋斗史都值得人们赞扬,那些行走在逐梦途中的人们,无论有着怎样的境遇,都无法阻挡他们内心的坚强。许多时候,打败人们的往往不是对手有多么强大,而是人们对自己梦想的质疑。那些真正强大的人,敢于直面自己的真实想法,他们以低调的姿态,不断充实着自己,不断自我激励,逐渐形成了对自己清晰的定位。他们面对劲敌不会妄自菲薄,面对弱者不会自高自大。

原新东方老师李笑来在《把时间当作朋友》一书中提出了"控制自己的大脑"的观点,文中指出:你的大脑并不是你,你的大脑是(属于)"你的"大脑。也就是说,尽管你用它思考,好像它也在指导你的行为,但是你要明白,你不应该隶属于你的大脑,而应该是它隶属于你,你"可以控制你的大脑"——分清"主仆"很重要。

如果一个人总是让自己"跟着感觉走",那么他就成了大脑的奴隶,成了那些弱点和恶习的奴隶。比如说,当大脑向你发出了累了、倦了的信号,你就不再工作学习,而是去玩玩手机,看个视频,时间就悄悄地溜走了。能够用自己大脑控制自己的人,则会想,先完成目标再好好休息吧,于是他就这样阶段性地坚持了下来。

众人皆知曾国藩,却不知道他年轻的时候竟然是位"愤青","自负本领甚大,每见人家不是"。30岁的时候,他终于认识到了自身的不足,从而立志学做圣人。为了成为一个崭新的自己,曾国藩逐渐养成了写日记的习惯,在每天的反思中,让自己时刻清醒,保持谦逊。只有发自人们内心深处的觉醒,才能让人们自愿地提升和改变自己、战胜自己。

国产动漫《大圣归来》一经播出就获得了观众的青睐,此电影票房高、人气旺。影片讲述了曾经大闹天宫,被如来收服,压在五行山下400多年的孙悟空,在一次偶然的机会中,被江流儿(小唐僧)解开了镇压之印,逃出了山洞。但是解封后,他的法力尽失,不再有火眼金睛,也不再有往日的身如玄铁,因此他的性格变得狂躁抑郁,面对如此弱小的自己,他感到十分无奈,他羞愤、痛苦但却毫无办法。就在他沉入压抑黑暗的海底深处时,江流儿就像一道光把他唤醒。

看到江流儿掉入悬崖的那一刻,他的热血开始沸腾,大圣风采再次回归。就是那个爱唠叨的"熊孩子"江流儿激起了大圣的热血,让他在拯救别人的同时成就了自己,让他逐渐意识到,最为强大的或许不是铜头铁臂,而是一颗强大的内心,一颗敢于突破自己的决心。或许,每一个人都会在那么一个特定的环境下,完成一次次的突破。那些自己原本以为不可战胜的事情，在经过不断的历练和成长以后，蓦然回首，才发现并不是不可战胜。因为人的潜能是无限的，人的智慧更是无穷的。

做自己大脑真正的主人，首先需要的是与坏习惯抗衡。每个人都会有坏习惯，而且坏习惯一旦养成，要想改掉，就很难了。如果一个人想要变得更加优秀，就必须与自己的弱点和坏习惯做斗争，做自己大脑和思想真正的主人。改变自己，战胜自己，是不断突破自我，让自己变得更加优秀的过程。一个人若只是一味地顺其自然，从来没想过改变，到头来，失去的不只是过去，还有未来。

战胜自己是一件艰难的事，但实际上，人所蕴含的无限力量，是可以被解放出来的，只要自己愿意，就没有无法迈开的脚。而一个人，只要具备了战胜自己的勇气和决心，他就具备了控制自己人生的可能，便可以让自己的心灵在自由的天地里任意翱翔。

本节小结

战胜自己是一件艰难的事情，而一旦人们能够通过蜕变，获得涅槃，便意味着成长与新生。身为自然界最高级的动物，人不能被自己的弱点和恶习所控制，那样与提线木偶有什么区别？在大脑向我们发出诱惑性信号的时候，人们应该利用逻辑思维，寻找到反击它、战胜它的办法。战胜了大脑，也就战胜了自己。

自制力是事业成功的必要条件

什么是自制力？自制力就是指人们能够自觉地控制自己的情绪和行动。既善于激励自己勇敢地按计划去执行，又善于抑制那些不符合既定目的的愿望、动机、行为和情绪。简单来说，自制力就是一个人控制自己感情和行为的能力。与之相反是任性：对自己持放纵态度，对自己的言行不加约束，任意胡为，不考虑行为后果及对事态带来的影响。

那么自制力之于人们的事业成功到底有什么影响？

美国物理学家富兰克林青年时代就下定决心"克服一切坏的自然倾向、习惯或伙伴的诱惑"。他给自己制订了一项包括13个名目在内的道德计划并逐条实行。比如，他列了"沉默"一条，来矫正自己闲谈和说笑话的习惯，严格要求自己在生活中做到"除非于人于己有利之言谈，否则一定避免琐屑的谈话"。而后来"谦逊"又被他加入到自己制订的表中，只不过是因为一位朋友说他常常显露骄傲，他便加入这条，并严格要求自己。

在他晚年撰写自传时，曾谈到他青年时代制订锻炼自制力的计划。在他看来，他的成绩还是源于节制。正是有了节制，他才会乐此不疲地强化自己。

自制力就是这么一种难以名状的神奇力量，可以化腐朽为神奇。这种力量有时候看起来遥不可及，但更多的时候，自制力常体现在生活中的一些小细节。

王石多年前曾拜访过褚时健，那时褚时健跟王石说过一个故事，一个褚时健年少时候烧酒的故事。那时褚时健还没有发迹，年少的他靠卖烧酒为生，别人10斤粮食能酿出3斤烧酒，而他能酿出3斤半，还比别人酿的酒香。没有别的秘诀，仅仅是因为他勤奋，自制力强，能够坚持半个小时添一次火，就是这么简简单单的一件小事，让他的烧酒比别人的更香，生意也比别人做得更好。

有自制力的人，心中必有原则，一个人没有自制力，就会被人性的弱点攻破，变得贪婪、懒惰、自私……电视剧《人民的名义》一经播出，就赢得了许多人的喜欢。因为编剧对剧中的贪官实在是刻画得入木三分，在事情没有败露之前，他们贪得无厌，来者不拒，只为满足自己的私欲便置国家利益于不顾。这很像一种叫作"蝜蝂"的小虫，特别喜欢背东西，爬行时遇到东西，总是抓取过来，抬起头背着这些东西。东西越背越重，但遇到想要的东西就想占为己有，殊不知自己早已不堪重负。

贪婪开始了就很难收手，所以杜绝贪腐就应该从第一次做起，如果第一次都无法控制自己，那么第二次还是会重蹈覆辙。换句话说，无论什么时候，我们必须以极大的自制力为依托，控制自己的欲望，时刻将国家利益牢记心头，方可做到清廉正直，成为全心全意为人民服务的好公仆。

自制力从来都是人们事业成功的必要条件。可是很多人都没有真正地用自制力来约束自己的行为。当人们埋头写文案，又想着出去喝杯咖啡回来再继续也无所谓的时候；当人们在考虑要不要加班赶工作，最终却决定放到明天再做的时候；当人们实在受不了球赛的诱惑而把明天的会议扔到一边的时候，身边那些有自制力的人已经做好了自己清单上一切的工作，并着手开始下一张清单了。

那么人们如何在生活中提升自己的自制力呢？

首先，应当更高效地集中注意力。现如今手机已经慢慢地成为最大的时间杀手了，所以人们在必要的时候可以主动关闭自己手机的网络。特别是青少年，更需要集中自己的注意力，克制自己的好奇心，来专注完成任务。

然后，人们应当制订一个时间计划，罗列一天或者一周的主要工作。意大利经济学家巴莱多认为，在任何一组东西中，最重要的只占其中一小部分，约20%，其余80%尽管是多数，却是次要的。因此这个道理又称"二八定律"。人们可以用"二八定律"来分配自己的精力，找出生活、学习、工作中最重要的事情，记录下来并投入最多的精力去完成。这样20%的事情解决了，却改变了80%的局面。其次，当人们学着提升自制力的时候，应当遵循健康的补偿机制。比如一旦完成了今天清单上所有的工作以后，晚上下班可以做一件自己喜欢的事来"犒劳自己"，以便于明天更好地完成下一个工作清单。

最后，需要一个清晰可见的目标。近几年要达到什么样的目标？人们可以在下面 8 个方面制订今后 5 年中的主要目标：生涯、体力、家庭、个人态度、经济、公共事业、教育和娱乐。然后再把这些大计划分成一个个小计划，一点点地完成。也可以找一个自己的偶像，他可以是你崇拜的高管，也可以是提拔过你的贵人，只要你懂得他们身上哪些特质是你需要的，是你期望的，都可以成为你的目标，然后向他们看齐。

本节小结

　　古今中外的那些成功人士，他们的身上总有一种相同的特质，那便是自制。自制力使得他们能够在各种困境中管理自己的行为，克制自己的欲望。最终他们取得了常人难以企及的成功。谁的成功与失败都不是必然的。关键看你如何克制自己的欲望，如何管理自己的行为。一个没有自制力的人注定是一事无成的。人们唯有克服欲望，战胜自己的弱点，对自己严格一点，一步步地让自己变得更好，才能一步步地接近成功。

抵住诱惑，就关闭了罪恶之门

在《圣经》中记载了这样一个故事：天地混沌，万物之始，上帝创造了亚当和夏娃，赐给他们伊甸园，享受极乐世界。但是园中有一棵果树，上帝告诫二人，果实千万不能吃。一条蛇蛊惑夏娃，告诉她如果吃了这果实，眼睛明亮，大脑聪慧，会如同上帝一样能辨善恶。夏娃见果实鲜嫩可口，又能拥有智慧，便偷食了禁果，还拿去同亚当分享。上帝知道后大怒，降罪于二人，夏娃必须忍受生儿育女的苦楚，亚当必须终身承受劳苦，汗流满面直至归于尘土。

伊甸园之中的禁果是人类最早的诱惑，作为人类始祖的亚当和夏娃，因为没有抵挡住诱惑，打开了罪恶之门，最后必须承受无尽的痛苦来赎罪。两个人的教训是惨痛的，但是后人又有多少能够从中吸取教训，在面对诱惑的时候，真正做到心如止水呢？

灯红酒绿的现代社会，人们所要面对的诱惑实在是太多了，金钱、名利、地位以及权势的物质诱惑；浮名、虚荣、声誉的精神诱惑，都能够给人带来一时快感，同时，也有可能让人迷失方向，不能坚持做自己。

刘安在《淮南子·齐俗训》里曾指出："日月欲明，浮云盖之；河水欲清，沙石涔之；人性欲平，嗜欲害之。"这句古语的意思是说，日月想要放射出光亮，但是却被浮云遮蔽；河水想要清澈透明，但是淤泥却将它变得污浊不堪；人生在世想要修身养性、淡然处世，但是无尽的欲望和诱惑最终使其偏离了原先的轨迹。

如今的娱乐圈，有不少明星才华横溢，住豪宅，开豪车，生活在光鲜亮丽之中，但是却偏偏没有忍住毒品的诱惑。结果锒铛入狱，身败名裂，不但被社会大众所抛弃，更是失去了原本所拥有的一切。酒井法子就是个鲜活的例子。原本她是红遍亚洲的清纯玉女，前途一片光明，结果没能拒绝毒品的诱惑，现在沦落到只能到处跑"商演"，令人唏嘘不已。与她相似的还有国内娱乐圈中的一些人，也是因为无法抵制住毒品的诱惑，没有坚持正确的观念，耀眼的明星打开了罪恶之门，最终沦为罪犯。

前一段时间，网络上的"裸贷"成为人们关注的焦点。"裸贷"，就是一些非法的网络信贷平台，要求女生上传裸照和身份证照片，以此作为借钱的抵押。如果还不起钱，那些贷款女生的个人隐私就会被泄露到网上，给当事人造成了极大的侮辱。那些女大学生为什么会深陷"裸贷"不能自拔呢？经过记者调查，她们中的大部分人都用贷款来支付高档电子产品和名牌衣服、化妆品的花销了。超出挣钱能力之外的消费，对于"上层社会"的向往像无形的毒品引诱着她们，使她们最终走投无路，只能求助于那些非法的信贷平台。

赵莉就是"裸贷"大军中的一名平凡女生。初入大学时她心思单纯。可是看着身边的许多"闺蜜"都用着高档的化妆品，她觉得自己平凡得像一粒尘埃。为了不显得灰头土脸,她办理了许多信用卡,可是随着消费越来越高,信用卡到期无法还贷,她便走上了"裸贷"这条路。或许赵莉无法明白"裸贷"对于一个女大学生意味着什么,但在虚荣心的诱惑下,她竟然将自己推向了危险的边缘。她没有想象过一旦自己的裸照曝光,对于自身名誉的损害是无法用这些名牌包来弥补的。

很多人容易和赵莉犯相似的错,他们只看到眼前的利益,却忽视了这些利益是需要付出代价的。人们一旦被某事某物所诱惑,便如同多了一条软肋,可以轻而易举地被别人利用,做一些对自己有害的事情。诱惑就像灰尘一样无孔不入,骗子们之所以屡屡得逞,并不是因为圈套设计得多么高超,而是那些骗局抓住了人性的弱点,给人们十足的诱惑,会让很多人"自投罗网"。那些电线杆上活跃着的"重金求子"广告,那些只需要一千元就能买到的价值几万的纯金手镯,都是给人们构造了一个美好的假象。或许人们跳出来看,这些骗局十分愚蠢,可是当人们看到广告中性感美丽的女人,看到骗子手中的"真金白银"时,心中的贪念便开始蠢蠢欲动,从而做出不理智的事情。只有坚持心中的真善美,抵制住诱惑,才能不去开启罪恶之门。

人们如果通过不合理的手段获得了超出自己能力范围的虚华,就必然在今后逐一返还。跳跃着的火焰,对于飞蛾来说,是光明和温暖的诱惑,它们纵身飞扑,却葬送了生命。香浓的诱饵,对于鱼虾来说,是美食的诱惑,它们张嘴一口,自身便成了盘中之餐。飞蛾和鱼虾,都因没有拒绝诱惑,付出了生命的代价,人又何尝不是呢?抱着捡便宜的心态接受诱惑,只会陷入恶臭的泥沼,只有一直保持初心不变,无论面对什么样的诱惑,都能始终做自己,这样方能到达自己想要去的人生彼岸。

邓肯曾经说过:"有德行的人之所以有德行,只不过受到的诱惑不足而已;这不是因为他们生活单调刻板,就是因为他们专心一意奔向一个目标而无暇旁顾。"一个人如果有了目标和理想,就会心无旁骛、脚踏实地地朝着目标奋斗,更无心去关注其他事情,因此当一个人专注于自我内心的提升时,被诱惑拐骗的概率就会大大减少。

人在一生的旅途之中,会遇到五光十色的诱惑,只有学会拒绝,才能向成功更近一步。拒绝诱惑的同时,也就意味着拒绝了外在的各种干扰,心灵上将达到前所未有的安宁。人若能不以物喜,不以己悲,不为名利所困,更加不为他人而活,一心朝着心之所往脚踏实地,一心一意地坚持自己、埋头苦干,就可以以更加清醒的头脑去面对眼前的诱惑,然后视若无睹。因为一个懂得坚持奋斗的人一定会明白:天上不会掉馅儿饼,事出反常必有"妖"。只有付出才会有回报,那些想要获得的东西,是可以依靠自己的双手去获得的。因为生命不止,坚持不息!

本节小结

一个人若想获得成功,成为芸芸众生之中的佼佼者,那就要抵制住方方面面的诱惑,拒绝懒惰和散漫,耐得住寂寞。如果想要在都市大展拳脚,就要抵挡住安逸生活的诱惑;如果想要成为一个饱读诗书的文人,就要抵挡住嬉闹玩耍的诱惑;如果想要事业功成名就、生活幸福美满,就要坚持自己,努力奋进,抵住懒惰和欲望的诱惑。这是生活,也是人生。诱惑是多种多样的,但是为了心中的梦想,人要学会坚守自我,坚定自己内心在追寻的东西不动摇。

你的意志力能为你的人生续航

人们常常歆羡那些成功人士的光鲜亮丽,也深知他们获取成功的道路是多么艰辛,更佩服他们在坚持道路上的惊人耐力。但看到许多人即使在夹缝之中也依旧顽强,人们仍然忍不住要问:到底是什么力量,让他们即使遇到那样的困境依然没有放弃?

就像一颗落在石壁中的种子,虽然能够抓住的只有一抔土,虽然能够见到的只有一米阳光,也依旧不会放弃生长,那在石壁上盘根错节的庞大根须,让人触目惊心又肃然起敬。同样的,有些人出生在贫困的家庭,却没有在艰难的生活中放弃希望,并用一点一滴的行动走向成功的彼岸;有些人身患绝症,却在病魔的阴影中顽强地活着,把每一天都过得充实而有意义。到底是什么,让他们如此坚强?

人类本是脆弱的,但是人类的意志力却无坚不摧。意志力是个非常宽泛的词,具体来说,就是当一个人面对已经设立的长远目标时,能够永葆热情和毅力,而不是"三天打鱼,两天晒网",更不是浅尝辄止、半途而废。历史上许多名人都曾指出意志力的重要性,明朝理学家胡居仁就说过,"苟有恒,何必三更眠五更起,最无益,只怕一日曝十日寒"。这句话的意思是,假如一个人在学习上具有恒心,又何必每天三更睡觉五更起床,只要能够坚持每天学习,总会有所收获。但是如果三天勤奋,两天懒惰,没有长久坚持下去的意志力,是永远不可能有所收获的。无论做什么事情,最忌讳的就是断断续续、半途而废。

生活中那些成功人士,都有着强大到无法撼动的意志力以及坚持不懈的精神。巴菲特也曾认为,成功的秘诀非常简单,耐力的重要性远远胜过脑力。正是因为拥有高于常人的意志力,那些成功人士才能在成功的路上越走越远,继而变得与众不同,从芸芸众生之中脱颖而出,成为他人艳羡的成功者,甚至是被载入史册。

妮可·凯利在美国小姐选拔赛中,获得了爱荷华州的第一名,成了当之无愧的"爱荷华小姐"。虽然她确实是才华与美貌并存,但让人想不到的是她竟然是一位残疾人——凯利的左臂缺失了一截。虽然形象上不够完美,但是妮可·凯利凭借着自己坚强的意志力和永不服输的个性,成了公认的美丽的化身。

凯利从小就乐观坚强。她从来没有觉得自己和别人有什么不同,唱歌跳舞样样擅长,只要是别人能够做到的事情,她就一定要比别人做得更好。她的意志力无比坚强,即使遇到因为残疾而导致的困难,她也尽量克服,或者通过其他的办法来实现。

后来她勇敢地参加了选美比赛。在艰苦训练的日子里,她咬紧牙关,每时每刻都紧绷着神经,无论是走路姿势、及时应变能力,还是服饰、妆容和拍照的姿势,她都严格要求自己。因为她深知,自己因为生理缺陷使得体态不占优势，所以其他方面自己一定要表现得更加完美。

功夫不负有心人，她最终赢得了所有评委的掌声，摘得了桂冠。人们看到这位坚强的姑娘无不对她肃然起敬。虽然身体残缺，但她从未向命运低头。即使上天决定的先天条件无法改变，只要她后天付出足够多的努力，就一定可以改变人生，赢得自身想要的一切。而促使她保持奋斗的动力以及为她人生保驾护航的依靠正是她无坚不摧的意志力。

古往今来，拥有意志力的著名人物数不胜数，古有越王勾践卧薪尝胆，自励刻苦，雪耻图强，最终建立强大国家；匡衡幼时凿壁偷光，彻夜苦读，终成一代文豪；今有身残志坚的张海迪；勇攀数学殿堂的华罗庚……这些拥有强大意志力的人，都有一颗强大到无法撼动的心灵，他们懂得为了目标不懈奋斗，更懂得在奋进路上的不断坚持。人类对于未来永远不可能预知，在追寻目标的过程中，能够支撑一个人义无反顾地走下去的，就是坚定不移的意志力。

每个成功者都不可能仅用一两天就拥有自己的事业，他们都是经过无数个日夜的摸爬滚打才最终取得成功。他们在面对困难的时候，昂首挺胸、认准目标、竭尽全力、坚持不懈，直到取得成功的那一天。在他们的人生字典里，没有"失败"和"放弃"这些字眼，有的只是"永不言败"和"坚持到底"。

美国前总统柯立芝说过，"世界上没有一样东西可以取代顽强和坚韧。才能不可以，怀才不遇者比比皆是，一事无成的天才也到处可见；教育也不可以，世界上充斥着学而无用、学非所用的人；只有顽强和坚韧，才能无往而不胜。"所以，哪怕先天条件并不是十分优越，只要能够认准目标，埋头苦干，总有一天会看见划破天际的黎明和波澜壮阔的大海，到那时，便能成为站在巨峰之巅的伟人。

荀子说过，"骐骥一跃，不能十步；驽马十驾，功在不舍"，古往今来，无数人通过自身的实例，告诉后世之人，坚持能够创造奇迹。只要具备了过人的意志力，任何人都可能成为那个佼佼者！

坚韧而顽强的意志力是人们采取行动的基础，也是人们想要取得辉煌人生所必须具备的心理素质。人们满怀信心，抱着必胜的信念，一旦选定了未来的人生方向和目标，哪怕过程中会遇到各种挫折，但凭借坚韧而顽强的意志力，人们仍然可以初心不改，将最初的梦想小心妥善地深埋心底，直到实现它。

在努力拼搏的征途中，人们心中的梦想浩瀚如大海，灿烂如星河，只有用坚韧不拔的意志力来武装自己，才能向着人生的目标迈出坚定的步伐，迸发出无穷力量和聪明才智，为自己的人生保驾护航。

本节小结

坚强的意志力，能够帮助人们克服前行道路上的干扰，扫清一切障碍，战胜大大小小的挫折，从而使人们更快地实现自己的人生目标。一个人倘若想要坚定不移地朝着人生梦想的方向大步迈进，必须有强大的意志力。小到养成良好的行为学习习惯，大到干出一番事业、成就人生伟业，这些都离不开坚强的意志力。

控制不好自己的情绪，就会乱了坚持的阵脚

人非草木，孰能无情？生而为人，就必然有各种各样的情绪。喜怒哀乐、嗔笑怒骂皆是人生之感。情绪从内心生发而出，似乎是自然而然的事情。可是人因为还具有社会属性，必要时候，需要控制好自己的情绪，方能让自己更加理智。

俗话说，小不忍，则乱大谋。若一个人不分场合，不看时间，恣意妄为，胡乱地发脾气，别说是做成大事了，恐怕这个人连基本的人际关系也难以维护。一个人如果没有办法控制住自己的情绪，生活很有可能变成一团乱麻，以至于偏离自己原先制订好的计划，轻而易举地被影响。虽然当时看起来并无大碍，但是时间一长，被打乱的计划越积越多，慢慢地生活就会被"乱麻"越缠越紧，很难摆脱，自己也越来越无法坚持自己的初心。

有的人不免要说，人生如此之短，就应该活得潇洒，没有必要控制自己的情绪，让自己心里憋屈着。这句话虽不是完全错误，但是也很片面。控制好自己的情绪，并不一定要压抑自己的本性，反而是为了让自己的个性得到更好的彰显。因为只有控制住了自己的一些小情绪，才能为自己少

立障碍，为个性的施展打造更好的平台。控制好自己的情绪，不轻易受外界的干扰，才能自始至终按照自己的安排一步步地推进，让自己越来越好。一旦控制不住自己的情绪，全凭意气用事，逞一时口舌之快，当时是解气了，但是事后静下心来想想，自己这么做真的值得吗？如果当时忍住了，是不是自己就不用承担接下来的一系列后果了呢？真正成大事的人，一切都会从大局出发，坚持初心，遇事能忍则忍，不轻易被一些事情影响。如果鸡毛蒜皮的小事就能挑起你的坏情绪，影响你对某件事的计划，那只能说明你的心思本来就是分散的。试想，一个整天专注于自己的工作，忙着提升自己的人，哪有时间去管这些不值一提的小事呢？那些已经功成名就的人就更不会在意这些了。

经历的事情多了，人的内心就会得到一定的沉淀，人生境界也会得到提高，最终能够做到"不以物喜，不以己悲"，始终以一种平和的心态对待生活中遇到的任何事情，能够坚持自己，不被其他人或事所影响。

足球是一项非常激烈的竞技运动。很多球员场下付出了很多汗水才换来了高超的球技，但是到了球场之上，一旦遇到些不公平的事情，比如裁判误判，或者是对方球员搞些"小动作"，便会在情绪上受到影响。结果越是急躁，越是想进球，就越是手忙脚乱，搞得自己竞技状态奇差，最终比赛结果也自然不尽如人意。

所以学会控制好自己的情绪是一个优秀的足球运动员必不可少的素质。这里就不得不提一个非常著名的球星——梅西。

梅西是阿根廷足球运动员，目前效力于巴塞罗那足球俱乐部。他是世界上赫赫有名的球星，无论是大奖还是小奖，全部都拿到手软。梅西很懂得控制自己的情绪，哪怕再生气，都能够始终保持平和的心态，他因此被称为是球场上的谦谦君子。虽然也遭遇过不公平对待，也曾经历过一次次的伤痛折磨，但是他始终都能保持住内心的平静。他懂得遇到不好的事情，不是发顿臭脾气就能解决。他始终把所有的心思都放在如何提高球技，如何取得更好的成绩上，这才成就了今天的辉煌成果。

荀子曾经说过，"怒不过夺，喜不过予"。意思就是说，一个人要能够保持很好的修养，生气的时候，不会对别人严厉地责罚，高兴的时候，也不会对别人过分地褒奖和赏赐。做到了这一点，这个人可以称得上是一个智者了。

每个人生来都是有脾气的，遇到不好的事情，任何人都会生气，但是有的人选择发泄出来，而有的人就会选择隐忍。这两类人的眼界和修养完全不同。前者眼中是平庸生活，所以有了不好的情绪，不管三七二十一，就会立刻发泄出来。但是后者的眼里有星辰大海，有璀璨的未来，所以在说每一句话，做每一个举动之前，他都会审时度势，认真地考虑眼前的状况，然后决定究竟该怎么做，而不是盲目地发火。在人生坚持的路上，人应学会隐忍，学会控制住情绪，不要让一些不好的事情影响自己心中坚定的目标。生活工作中，学会掌控住自己的情绪，处理好周围的人际关系，遇到大事不冲动、不盲目、不使性子，该怎么做就怎么做，朝着目标坚持不懈地走下去，这样才能一步步接近自己心目中的圣地。

本节小结

整日暴躁不安，一遇到事情就爱对人大吼大叫，这样其实是在消耗自身的精力，扰乱自己的步伐。人应学会静下心来，好好分析一下现状，思考一下自己真正需要的是什么，为了目标，下一步究竟该怎么做，如何才能解决掉眼前的问题，避免因为一时的气愤，而搞得满盘皆输，得不偿失。

做出明智选择,你的坚持才更有力

朝着错误的方向坚持做事,最后只能是南辕北辙。很多人容易犯的错误就是,还没有确定好人生的目标,就急匆匆地上路了。他们看起来很努力,也好像取得了一点成绩,但不知道自己前行的方向是否正确。其实,他们只是在用表面的坚持来掩盖自己的迷茫。

方向对了，你所做的才有意义

人生最为关键的一点，并不是自身所处的位置，而是不断追寻的方向。人们的位置总是时刻发生着变化，但方向却可以始终不变。方向就像是深夜里的一盏灯光，或许它只是隐约透出微弱的光亮，但却让人能够在暗夜中找到前进的道路。只有确立了正确的方向，所有的努力和坚持才会有价值、有回报。

世界伟大的航海家哥伦布，在他的身上，就深刻地体现出选对方向对个人甚至是对于推动历史发展有多么的重要。只有在正确的航道上坚持，才能离想要到达的地方越来越近。

哥伦布一直坚信地球是圆形的，他认为向西航行就能找出另一条前往东南亚的航线。他先后向西班牙、葡萄牙、英国、法国等国的国王寻求协助，但是在那个时代，"地圆说"被普遍认为是荒谬可笑的，他始终未能得到王室的支持。哥伦布并没有被挫折击垮，他始终坚信自己的想法是正确的，于是他到处游说国会。

十几年后，事情终于出现转机——西班牙王室为了提高自己在欧洲的地位,愿意支持哥伦布环球航行,并为他提供了航海士兵和经济资助。茫茫大海之中,惊涛骇浪,险象环生,哥伦布始终按照自己认定的方向,不畏艰险地一直向西,最终发现了新大陆——美洲,在历史上留下了辉煌的一笔。

生命不息、拼搏不止,如果你想要到达一个地方,你首先需要知道,应该朝着哪里前行,才能到达。一旦确立好方向,你就可以朝着这个设定好的方向埋头狂奔,哪怕遭遇再多的挫折和困苦,也要咬牙坚持下去。只有你坚持不断的努力,在未来的某一天,奇迹才会悄然而至。

八月长安是网络上声名鹊起的作家。她从小到大,一直是安静乖巧的女孩子,学习刻苦,成绩也位列年级前茅。2006年高考的时候,她以优秀的成绩取得了哈尔滨市的文科状元,顺利进入了北京大学。名校毕业,富有才华,按理说,她应当按照大多数"学霸"的人生轨迹运行,进入"名企",拿着高薪,做都市女白领。

但是她心中一直有着一个写作的梦想。长久以来,她都笔耕不辍,喜欢写写小故事,文笔也受到了身边一些人的肯定。毕业之后她进了金融机构上班,虽然工作充实,薪资很高,但是她并不快乐,她觉得这并不是她人生所要追求的方向。

于是,她辞掉了别人艳羡的工作,成了一名没有任何保障的自由撰稿人。起初她的决定遭到了家里人的一致反对,但她没有向周围的人妥协,而是朝着自己的目标,坚持不懈地走了下去。虽然遭遇了很多艰难险阻,但是她都咬牙挺过来了。最终她收获了成功,出版了《被偷走的那五年》《最好的我们》等小说。她的人生道路越走越远,越走越开阔。

与八月长安不同的是,很多人的生活其实毫无方向,每天做着手边的事情，日子似乎很忙碌，却没有任何成就感，归根结底是因为没有挖掘出自己内心深处的想法，不清楚自己想要过的是怎样的生活，自己想要去的是什么样的地方。试想，一个人如果对自己的人生目标有着很清晰的认定，那么在朝着那里进发的时候，他的内心是满足和充实的。即使要放弃很多东西，他的心中也不会因此而悔恨，因为他知道，世事总是有舍有得，舍弃是为了更专注于目标。

战国的思想家列子在《歧路亡羊》里面曾经说过，"大道以多歧亡羊，学者以多方丧生。"字面意义是因岔路太多无法追寻而丢失了羊，对于求学的人，目标不明确，经常改变自己的学习方法和内容，就会逐渐迷失方向，甚至是丧失生命。这告诫人们，不能因为情况变幻莫测，或者自身用心不专，从而迷失自己的本性和方向，这样终将误入歧途，最终一事无成。

一个人无论到了多大的年纪，人生的旅途，真正开始于他选定人生方向的那一刻。过往的岁月，只不过是在绕着圆圈兜兜转转。所以无论什么时候，一个人只要确定好对的方向，并且为之拼搏努力，都是来得及的。更广阔的大千世界永远等待着奋斗者的探索！

本节小结

人生如同一场未知的大冒险，没有任何一个冒险者能够提前知道等待在终点的是什么。在面临选择的十字路口时，人们需要认真考虑，仔细思考，选择出内心渴望的正确的方向，然后不断地披荆斩棘、奋勇向前，才能够找到想要的东西，才能在奋进中感受到快乐与充实，收获非同寻常的绚烂人生。

每个人都有自己要朝拜的地方

大千世界，芸芸众生，每一个人的内心深处，总有一个自己要朝拜的地方，即使路途遥远，道路险阻，但对于心中圣地的强烈渴望，却无法从心底抹去。于是，人们在漫长的人生旅途之中，收拾好行囊，带着一颗无比虔诚的心，不畏艰险，远赴万里。

司马迁游历各地，去了解当地风俗习惯，采集新奇传闻。他虽受宫刑，依然坚韧不屈，因为他励志要编纂一本不失偏颇的历史著作。有了这个信念为支撑，耗时多年，他终于完成了中国历史上首部纪传体通史。孔子四处讲学，游说各国君主，倡导仁爱和谐，虽然旅途中风餐露宿，也曾遭遇过生命的威胁，但他从未想过退缩，初心不负，一如既往，因为他看到了战争带给百姓的危害，立志要构建一个充满爱的和谐社会。有了这个至善的想法为指引，他最终成了中国历史上最伟大的思想家之一。

每个人要朝拜的地方各不相同，但路途都不会一马平川。一路走去，会有荆棘丛生，甚至要付出惨重的代价。但是只要在前进的过程中，永不言弃，披荆斩棘，哪怕最终到不了想要朝拜的地方，也能领略沿途壮丽的风光；哪怕最终无法见到圣地真容，内心也早已有了一座殿堂。

每个人都有自己要朝拜的地方，但最终的目的地却各不相同。所以在确立最终目标的时候，要结合自身的情况，审时度势，认准方向，坚持不跑偏。一个人的选择，深刻影响着他未来的人生方向，也影响着他所能达到的高度和深度。

我国科学家钱学森就是个很典型的例子。20世纪50年代，钱学森在国外拥有优渥的生活和丰厚的科研条件，身边也都是一些科学界的大人物。但他一心挂念祖国的建设，毅然决然地抛弃了一切，准备回来报效祖国。然而，回国的路途危险重重，甚至有美国特务暗中隐藏，试图杀害他们全家。但即便如此，仍然阻挡不住他一颗赤诚的爱国心。回国后，他立刻投身到祖国的建设之中。当时各方面的条件都跟不上，大夏天他也只能窝在一个没有空调和风扇的小房间里搞科研。但就是在这样艰苦的环境里，他为国家的建设和进步做出了卓越的贡献。

钱学森站在人生十字路口的时候，做出了自己的选择，将国家和人民的利益放在首位，朝着心目中的圣地，不断昂头前进，最终成为近现代中国最为著名的科学家之一。

坚持目标永不言弃，固然很重要，但是有时候，选对了方向往往比坚持和努力本身更加重要。倘若选择了错的方向，却浑然不知，那么越努力，越向前，只会偏离正确的道路越来越远，最终将会误入歧途。轻则前功尽弃，辛苦努力付之东流，重则失去拥有的一切，甚至是生命。

当阳光洒在青藏高原辽阔的土地上，朝圣的信徒们一步一步朝着心中的圣地前行。朝圣的队伍络绎不绝，给世人的震撼也十分巨大。衣衫褴褛、阳光炽热也无法阻挡他们朝圣的脚步，每行三步便要伏地叩首，因为那是他们的信仰所在。行善积德、生死轮回的信念，在藏族人的思想观念中根深蒂固；转经、进香、叩头、朝圣，也已经成为他们生活中不可分割的一部分。他们相信通过这种宗教性的朝拜活动，能够得到圣地诸佛菩萨的加持，能够获得自己修行的进步和智慧的增长。朝圣之路之于他们，每一步都让他们与信仰更加接近，每一步都使得他们虔诚而忠实。

在追求理想和坚持的道路上，如果将理想化为了信仰，让它成为自己要朝拜的地方，又怎会在坚持的过程中感到痛苦和煎熬呢？每一次的小进步，都是朝着理想的圣殿更近一步，即使遇到风雨交加的坎坷，又怎能阻挡追梦者的脚步？

愿每一个朝着心中圣地朝拜的人们都能看到圣光披身的美景，都能感到来自信仰的强大力量，都能因为自己的一路坚持而感到快乐。因为心中的愿景终会实现，心中的圣地终会到达！

本节小结

心有多远，人们就可以走多远。人生很多时候怕的不是不能做，而是不敢想。一旦人们心中有了一个地方因为理想而变得神圣，那么这个地方就像磁铁一般，会给人无限的引力和动力，让人们朝着那个神圣的地方前行，并且在这个过程中感觉充实与快乐。

认定你的选择，让坚持更有理由

想要获得他人的支持，就必须给人们一个信服的理由。

很多时候，人们想要做一件事情，或许因为那件事是心之所往，或许因为那件事对自己很重要。但无奈的是，身边的人都不理解和支持自己去做那件事。人们为此哭泣、反抗，似乎那一刻，世界都在和自己作对。

果真如此吗？如果你的选择足够坚定，如果你可以通过自己的实力证明自己的选择正确，相信这些选择都会得到祝福。

在中国古代文学作品中，塑造过许多为了追求爱情而违反封建教条的女性形象，她们是精神自由的化身，是敢爱敢恨的代表。《西厢记》中的崔莺莺便是如此。

崔莺莺和张生两情相悦，可是莺莺贵为相国之女，张生却只是一介书生。在张生解了普救寺之围后，老夫人反悔了，并不遵守谁解围就将女儿嫁给谁的约定。可是两颗炽热的心早已私订终身，崔莺莺坚持此生非张生不嫁，并和他夜中幽会。

老夫人拗不过莺莺，于是告诉张生，若想娶自己的女儿，就必须进京考取功名。十里长亭的送别，让两个相思的人泪眼婆娑，但因为心中足够坚定，在此后的日子里，虽然人各两端，仍旧心系彼此。最终张生考得功名，与崔莺莺有情人终成眷属。

故事的结局很美好，但过程中的坚持却很煎熬。如果两人因为时间和空间的距离或是因为内心不够坚定而疏离，结局都不会如此美好。如若崔莺莺不能等到张生回来，或是见异思迁，那么与张生的情缘或许会被人诟病。正是她的坚持，让这个反封建的大胆女子成了忠烈的代表。

以世俗的标准来看，崔莺莺和张生并不门当户对，两人的生活环境也是天壤之别，可是那又怎样呢？只要坚持自己的选择，然后去印证这个选择的正确性，那么一切努力都将是值得的。

在坚持的路上，勇敢坚毅的人有很多，李玉刚便是其中之一。李玉刚出生在吉林省一个偏僻贫困的家庭之中，幼时便崭露出极强的艺术天赋，精通地方戏曲。因家庭条件困难，李玉刚放弃了进入吉林省艺术学院学习文艺编导专业的机会，独自到长春闯荡。由于他一个人就能完成男女对唱，因此一位老师建议他男扮女装上台演出，就类似于梅兰芳大师一样。然而，这种想法虽然是好的，但观众并不买账，很多人觉得他"男不男，女不女"，甚至还有人对他恶语相向。

可是李玉刚很喜欢这种表演形式，为了让自己的表演更加让人信服，他努力学习舞蹈和化妆，他不仅要做到表面的模仿，更想要做到神似。于是在随后的8年时间里，他一直练习女性的传神之态。他要向所有人证明，自己的选择是正确的。

在这 8 年的落寞时光里,李玉刚不敢告诉家人自己从事的工作,因为如果家人知道他男扮女装,不知道会以怎样的眼光看他。虽然这件事情并不可耻,可是在落后偏僻的农村,老人们的思想十分保守,是不能理解他的做法的。为了能够坚持做自己喜欢的事情,李玉刚隐瞒了家人。

直到 2006 年,李玉刚上了中央电视台的《星光大道》节目。家人一开始看到的时候很震惊,但也深知儿子一人在外奋斗的不易。后来越来越多的人喜欢李玉刚,并且他也凭借着实力走进了《星光大道》年度总决赛,这时候,父母对他已经完全理解了。

从偷偷坚持梦想,不敢告诉家人,到家人以自己为荣,李玉刚做到了。他用自己的实际行动和坚持,扭转了他人对自己的偏见,让自己坚持做下去的理由更加充分。这一切都是他自己争取的结果。

有时候,父母反对某件事情,并不是要与儿女作对,而是父母心中存在担心和疑虑。他们不知道自己心爱的宝贝如果这样走下去,会迎来什么样的结果,他们害怕孩子的未来一片模糊。于是望子成龙、望女成凤的家长们,宁愿孩子选择一条平坦的道路从而安稳一生,也不愿他们在没有结果的执着中颠沛流离。

如果你的选择不被大家支持,请不要懊恼,更不要因此对反对自己的人怀恨在心。因为很多反对你的人,往往正是最希望你能够拥有幸福快乐的人。

面对关心自己的人的"好意反对",你唯一能够做的,便是坚持去证明，证明自己所选的路是对的，证明自己所做的事是有充分理由的。在坚持中，亲朋好友会看到你的决心和毅力，从而更加相信"你会实现这个梦想"。然后，你只需用自己的拼搏奋斗，来证明自己选择的正确性，让亲朋好友见证你的成长与进步。

没有人能够否认他人的选择。为了能够让更多的人理解和支持自己，在坚持的时候，一定不要忘记时刻表明自己仍在坚持。因为坚持的气息会散发开来，感染身边的人，让人们有理由相信你可以做到，也为他们带来力量。

或许人们会质疑一个人的选择，因为坚持这个选择十分艰难，但是，如果人们认为这个选择是出于本心的，是值得坚持的，那么就用自己的坚持，去换来他人的认可吧！每一份坚持都是穿过乌云的阳光，是带着晨露的双脚，是穿过荆棘依然坚定的步伐。如果一个人在坚持的途中，有恒心、有毅力，那么人们凭什么不相信他会成功呢？

本节小结

在坚持的路上，人不要惧怕耳畔的杂音，听一听自己内心的真正呼唤。如果一个人做出了让自己灵魂感到轻松，身心感到快乐的决定，那就去坚持吧，只有坚持了自己的选择，才会让所做的事情"守得云开见月明"。

去更好的地方，不要用"比下有余"安慰自己

碌碌无为的人抱怨自己生不逢时，可是怎样的时代才是属于他的时代？一个人如果没有往更好的地方努力的决心，终究会泯然众人矣。如果一个人能看到高山景行的高人，并心向往之，或许在追逐上进的过程中自己也会变得美好。可是如果一个人总是得过且过，让时间在浪费中流逝，那么很有可能就会积攒更多的抱怨，将自己的失败错误地归因到"怀才不遇"之上。

一事无成的人，大多习惯于得过且过，甚至"破罐子破摔"。面对生活中的大小事宜，他们不会抱着坚持到底的执着心态，而是在比上不足，比下有余中自我安慰。于是，在本该拼搏奋斗的年纪，他们选择了退却和安逸。在没有活成自己想要的样子时，他们以阿Q精神安慰自己，其实，那只是一种麻醉。如果一个人是大树，就不要和小树苗比高，还在这种比较中获得快感，他应该和更高的大树比较，才能不断成就自我。

说到门捷列夫，可能有人不熟悉，但是提到元素周期表，大家立刻就知道了。门捷列夫是俄国非常著名的化学家，他研究元素周期律，前后

一共花费了 20 年的时间，更是把一生都奉献给了化学事业。攀登科学高峰的路，是一条艰苦而又曲折的路。门捷列夫在这条路上，吃尽了苦头。尽管困难重重，但是他一直坚信着心中的梦想，从未有过退缩和放弃的念头。他没有在科研之路上观望攀比，他所要做的不过是朝着心中的高峰继续前行。

他的脑子因过度紧张经常昏眩。长年累月的工作，最终拖垮了他的身体。他住进了医院，躺在病床上的时候，依然拿着纸和笔进行演算。到了晚年的时候，他被疾病缠身，眼睛几乎看不清东西，双手也握不住笔。但他仍然放不下他所研究的一切，就把事情交代给秘书，让秘书替自己整理一生的著作。放眼望去，有几个人能够达到他这种境界呢？在门捷列夫心中，即使病在床榻，他也依然要将自己毕生研究奉献给世界，依然在追求那个更好的自己，那个为了科学而甘于奉献的自己。

著名的爱尔兰剧作家萧伯纳曾经说过："如果我们能够为我们所承认的伟大目标去奋斗，而不是一个狂热的自私的肉体在不断地抱怨为什么这个世界不使自己愉快的话，那么这才是一种真正的乐趣。"

而在现实生活中，很多人并没有这样的决心。一旦遇到了坎坷和挫折，这些人想到的不是如何去克服，不是如何勇攀高峰，而是去寻找周围那些不如自己的人，然后想："虽然自己没有达到理想，也有很多人不如我呀，况且世界上比我情况差的人多得是，我已经算很好了。"在这种自我安慰中，他们获得了心灵暂时的宁静和满足。在我看来，"比下有余"可以有，在你遭遇挫折的时候，偶尔的"比下有余"可以为自己带来信心，积蓄前进的力量。但每次遇到问题都这样想，只能说明一个人的懦弱。因为世界上总有比你惨的人，比如在战争、自然灾害中的难民，比如生活在贫困地区的人们，可是这样的安慰无疑会蒙蔽人的双眼，使人丧失奋斗的动力。

那些拼尽全力奋斗的人，哪怕最终没有到达心中的彼岸，但因为始终朝着更好的方向永不停歇，他们仍旧成了芸芸众生之中的佼佼者。因为在付出辛勤的劳动和汗水、为了梦想奔跑不息的过程中，他们积累了经验，开阔了眼界，人生已经比别人更为灿烂了。这是那些平庸一生、贪图安逸享乐的人永远都无法企及的。

郑和如果得过且过，便不会暗习航海知识，日夜操劳。在宫中过着安逸清闲的生活岂不妙哉？可是他并没有在平淡中苟且的生活，而是七下西洋，乘风破浪，开拓了广阔的海洋疆域，发扬大国风范，建立了友好邦交，令四方来贺。

每个人的身边，总是不乏众人口中的成功者，他们享受着他人的艳羡，享受着舒适的生活，然而，这仅仅只是人前光鲜亮丽的表面。背后，他们付出的努力，人们无从得知，甚至他们亲近的人也不能一一知晓。生活中，不如意之事十有八九。面对艰难困苦的阻挠，人们不应做人生的懦夫，缩在墙角瑟瑟发抖，而是应该勇敢地迎面而上，哪怕步履艰辛，哪怕头破血流，也要坚强不屈地拼搏努力。如果每个人都能做到这样，生活应该会焕然一新。正如高晓松所说，"生活不只眼前的苟且，还有诗和远方的田野"。每个奋斗着的人，都值得拥有更为广阔的天空！

本节小结

一个人如果想要攀登到更高的山峰，想要向着更好的地方努力，想要获取更大的成绩，就不能迷恋于眼前短暂的平稳和安逸，更不能因为害怕吃苦而选择自欺欺人。每个人的体内都隐藏着巨大的能量，如若从来未曾为梦想而勇攀高峰，就意味着这些潜能被白白丢弃了。与其在事情毫无转机的时候遗憾终生，倒不如趁着现在，从眼前的点滴做起，一步一个脚印，往更好的地方不断拼搏努力。颓废平庸是无法和竭尽全力相提并论的。

坚持去做一件事，比坚持本身更值得思考

滴滴出行总裁柳青曾经说过，在人生的道路上，有许多岔道口，不论是婚姻上的，还是事业上的，只要你走错一步，就会影响你的一个时期，甚至会影响一个人的一生。

而很多人恰恰都只顾闷头走路，没有思考究竟哪条路是真正适合自己的。如果一个人在一条不合适的路上走到精疲力竭，也没有找到自己走下去的意义，那么他做的一切努力都是徒劳的。其实，在坚持的路上，只有发现自己真正喜欢和适合的事情，并坚持不懈地走下去，才能够越走越远，直到抵达胜利的彼岸。

朴树，一个红遍大江南北的名字。谁曾想到，朴树并不是人们想象的富裕的样子。在某综艺节目上，主持人问起向来是"综艺绝缘体"的朴树为什么来，朴树回答："我最近是挺缺钱的。"很多人都会用"愿你出走半生，归来仍是少年"这句话来形容朴树，朴树确实是一位任性的"少年"。他素来都把钱当作身外物，他低调的生活如同普通人，房子是租的，出行经常选择自行车，用最古老的诺基亚"老爷机"。他很少出现在公众视野，

几乎不接"商演",不参加综艺节目。当他出现的时候,大家都能猜到,朴树肯定是又没钱了。

漫漫人生路中,朴树的每一步都是在做着自己的选择。他从北京师范大学退学,选择了做父辈眼中的"无业游民"——歌手这个职业。他坚持做自己的音乐,选择了唱民谣,并且坚持着自己的每一个选择。因为他了解自己,更清楚自己的内心。他的每一个选择,都无愧于自己,也从不让自己后悔。

张亚东曾经劝过朴树,出专辑吧,你还能赚钱。朴树反问他:"为什么要赚钱?"朴树就是这样一个有着少年心气的人,在浮躁的社会里选择保持自己的初心。即使他经常没钱,也活得十分充实。因为他没有太多繁杂的欲望,只要基本生活能够满足就好。在疲惫的生活中,保持着自我的英雄梦想,坚持自我的选择,单纯不世故,这就是朴树。他把日子过成了我们所羡慕的"诗和远方"。

很多时候,我们看到的只是别人的成功,可是却没有看到他们成功之前的付出。选择了自己要走的那条路,就要义无反顾地走下去,哪怕会遭受到别人的非议,哪怕会跌倒,也要甘之如饴。在坚持这条路上,没有绝对相似的榜样,因为每一条路都具有自己的独特性,每个人的人生都与众不同。可是其他人的毅力和精神却可以激励后来者,让人们在做出选择的时候更加坚定和勇敢。

小松,计算机系的理工男,他的专业成绩平平,混在人群里属于最不起眼的那类学生。如若不是选择了一条适合自己的道路,或许他会在那所名不见经传的学校里继续平凡下去。业余时间,小松喜欢看看书,写点东西。在一次公共选修课上，文学院的一位老师觉得他非常有这方面的天赋，希望他能够继续保持下去，不要浪费自己的才华。大三那年，在老师的鼓励下，小松决定报考中国传媒大学编剧专业的研究生。他买来了编剧专业课的书，没课的时候，就反复地琢磨，甚至还报了一个网上培训班。

一个学计算机的理工男，想要当编剧，周围的同学都觉得他异想天开，劝他放弃，好好准备接下来的实习，毕竟，IT行业的薪资那么高，很多人羡慕都干不来。"人活一辈子就真的只为了糊口吗？我想做点不一样的事情出来。"小松对劝说他的同学说。如果还要在自己不喜欢不擅长的事情上花费精力的话，只会让自己更痛苦。可选择了自己要走的这条路，哪怕结果充满了不确定性，他也想要去试一试。至少努力了，就不会留有遗憾。

事实证明，小松确实很有这方面的天赋。专业课的书，他看完两遍就基本全部理解了。再加上他着实下了一番功夫，所以他的初试成绩特别好。复试的时候，学校要求带着相关作品。小松在大学期间就出版了几本书，也写过一部网剧，自然得到了导师的青睐。

当考研最后的结果出来时，所有向他泼过冷水的同学都觉得特别震惊。而只有小松自己心里清楚，从最开始做出这个选择的时候，他一定会达成心中的目标。因为他正在走的这条路，是适合自己的，自己具有这方面的天赋，也付出了超出常人的努力。这样的一条路，哪怕布满了荆棘，他也会勇敢地闯过去。

但丁曾经说过："走自己的路，让别人说去吧。"如果一个人认定一条路是正确的，是值得自己为之奋斗的，那便是他的人生需要探寻和追索的远方。有了正确的方向做指引，坚持逐梦的人会让所有的努力化苦为甜。

很多时候，选择去做哪件事，比努力坚持更重要。迷茫的时候，不妨停下来，好好思考自己要走的路。只要选对正确的方向，所有的坚持才更有意义。

本节小结

在人生的旅途中，一个人会面临很多条路，这时候就需要做出选择。人生没有"更好的"那条路，有的只是你正在走的这一条。做好一个选择，有时候往往比努力坚持更重要。所以先认清自己的优势，规划好自己的人生，再加以坚持不懈奋力向前，才会达到自己的目标，实现人生的价值。

你的选择，决定了你的目光所及

很多时候，人们面对选择无所适从，那种场景就像站在十字路口，两条路看起来并无差别，前路却都漫无边际，站在岔路口的人必须选择其中一条。既然选择了一条路，那么无论是芬芳满地还是荆棘丛生，都不该怨恨，而应坚定不移地走下去。

顾卿和蒋玲是大学时候关系最好的朋友，即使有着不同的人生观，不同的生活态度，但是在念书的时候，两人仍然很合得来。随着毕业季的来临，两个人各奔东西。蒋玲留在了她们念书的大城市，而顾卿选择回到自己的家乡小镇。

毕业聚餐那天，蒋玲哭得稀里哗啦，劝顾卿留下来。其实身边的很多人也劝顾卿，大城市里的眼界会很开阔，认识的人也不同，家乡只是一个还未开发的穷乡僻壤，对于一个高才生来说，起点确实太低了。回去了，一辈子也就平凡一生。当初，他们也是这样劝蒋玲的，蒋玲在这种劝告中选择了留下来。这个城市灯红酒绿，夜不需眠。蒋玲是个受不了安静的人。她说，要是回家乡，那宁静的小镇会让她发疯的。

顾卿什么话都没有说，她是个有主见的人。她深知每个人的选择都只能由自己做主，一千个人有一千种建议，他们虽然都是好心，但未必有人能懂得她的心思。于是，在面临就业的关口，顾卿选择回到家乡。

毕业后第一年，班级聚会时，顾卿一袭白裙，妆容淡雅，嘴角含着淡淡的微笑，听着留在这里的同学们描述着大城市的繁华与无奈。再看蒋玲，蒋玲面若桃花，手臂挽着一个帅哥，服饰和包包都是时下流行的最新款，比起大学时的大大咧咧，反而多了一份沉稳的气质。

顾卿听他们聊着房子、环境等话题，她从来不插话，这让她显得有些格格不入。而蒋玲无论是花边新闻还是家国大事都能说上两句。蒋玲还是劝着顾卿，待在那个小镇，就像是在井底，看不到大千世界，就连眼界也会越来越窄。顾卿还是微微笑着，并没有说话，她心中想的是：细水长流未尝不是生活之味。

毕业后的第三年聚会，蒋玲换了男朋友，顾卿只说自己要订婚了，对方也是小地方的人。大家都没有在意，也无人去关心她那平淡得出奇的小日子。蒋玲却开玩笑打趣："我们还年轻啊，怎么就订了婚，不多考虑考虑？让我给你找个大城市的帅哥多好！"顾卿，依旧只是笑着，不做什么解释。

后来几年，大家似乎都有了自己要忙碌的事情，也没有人组织班级聚会了。大家都开始结婚生子。只是谁也不曾想过，结局竟然不是他们所预想的那样。蒋玲没有和原来的男朋友步入婚姻的殿堂，并且再也不急着找各种帅哥，反而把重心放在工作上。原来，大城市的生活成本很高，几年过去，蒋玲并没有什么积蓄，房租、日常开销、交际等逼迫她不得不为自己的前途奋斗。早高峰地铁上，人群拥挤得要命，蒋玲也经常迷茫得看不到方向。而顾卿呢，和丈夫有了自己的房子，还生了一个可爱的女儿，小城市的生活看似平淡，但一家三口没有什么太大的压力，倒也过得怡然自得。

在大城市里面，坚持了那么久，为什么看不到任何的希望，交的男朋友也不长久，蒋玲有点不甘心，她现在的生活离原来想象的样子相差太远。有一次，顾卿来到她所在的城市出差，大学时代的好友终于又聚在了一起。两个人晚上在一起聊了很久，蒋玲这才知道，顾卿做出回到家乡的决定，是因为以她的能力和资源，足以在家乡小镇谋得一份不错的职业，而且，家乡小镇发展日新月异，对她未来的成长也有帮助。顾卿的选择并非出于甘于平庸，而是因为她的目光早已超越了环境，看到了自己的未来。

顾卿的远见让蒋玲由衷佩服，也更欣赏她与众不同的选择。末了，蒋玲不禁想到，如果重来一次，自己会不会也做出同样的选择，回到自己的家乡呢？

然而，她的内心却本能地回答了"不"。

蒋玲本来就是一个不安分的人，比起安稳的生活，她更想看到更大的世界，结识各种领域优秀的人，拥有丰富多彩的人生体验。这样的自己在小城市生活真的会快乐吗？真的会满足吗？再说了，自己很有可能找不到相应的岗位，自己的学识和工作经验岂不是白白浪费了？

看着身边熟睡的大学闺蜜，蒋玲的内心突然释然了。即使自己以后不能留在这里结婚生子，即使以后还是回到了家乡的小城市，这几年自己的经历和收获，也是独一无二、值得回味一辈子的啊。

任何决定都没有对错之分。对与错，预示着成功与失败。而这个对错不是平白无故就能分辨出来的。成功没有固定的方式，人们的每一次选择都是一个转折点。人们只需要将所有的努力集中在自己可以选择的部分，将眼界放宽，然后朝着一个目标去努力，就会获得回报。

人们之所以向往高处，是因为那样可以让人看得更远，看得更广。谁也不愿意跟着人群随波逐流，而一个基于自身独到远见做出的选择，正是能够促进人们通往高处的一个入口。而那个入口并不一定像表面一样光鲜亮丽，也不一定像表面一样平淡无奇。

或许在鱼与熊掌之间，人们都会选择熊掌，可是现实中的很多选择，其实并无悬殊，无论走了哪一条路都会有与众不同的景色。而人们可以做到的，就是追随本心，放眼未来，拓宽自己的视野，朝着自己心中的方向坚持不懈。

本节小结

在坚持这条路上，每个人都会面临选择。没有哪个选择标上了红绿灯告诉你该走还是该停，也没有哪个选择上写好了结局，让你看一眼就知如何选择。这一路走来，不论是哪种选择，都是自己走出来的路。你的选择，决定了你的目光所及。很多人误解，认为目光所指的就是多出去见见世面，其实不然。环境固然重要，可是自己的每一个决定更为重要。无论人们选择了哪一种环境，都不应轻易改变自己心中的坚守。

全心全意,把自己投入到一件事中

心理学中,有个概念叫作"心流",指的是当人们沉浸在当下着手的某件事情或某个目标中时,全神贯注、全情投入并享受其中而体验到的一种精神状态。在这种状态下,你感觉自己完完全全在为这件事情本身而努力,就连自身也都因此显得很遥远。

瞻前顾后，不如全心投入

人生有许多选择，因此人们在做决定之前总是会思量再三，害怕会因为某一个决定而走错了路。人们谨慎三思本无可厚非，可是如果一个人在做决定时总是瞻前顾后，那么便会在犹豫中浪费时间，最终原地踏步，毫无进展。

瞻前顾后一词出自《离骚》："瞻前而顾后兮，相观民之计极。"瞻前顾后原形容做事谨慎，考虑周密，现在常常用来形容一个人做事优柔寡断，顾虑太多，犹豫不决。人生宝贵，任何时间都禁不起耽误，如果一个人总是在做决定时瞻前顾后，那么一生中该有多少时刻在纠结中度过？

生活不是一条笔直的单行道，因此在岔路口时总要做一个决断。有人决策果敢，而有些人总会犹豫不决，与其在选择中瞻前顾后浪费时间，人们不如全心地投入，从即刻开始主动探寻出路。

在人生的岔道口面临选择的时候，人们往往会有三种情形：

第一种情形是，有些人在面对选择时，会对目前的诸多因素进行综合分析、权衡利弊，而后进行抉择。他们谨慎地对待选择，最终的决定通常也符合自己的需求。他们会在深思熟虑之后做出决定，一旦决定了，就会义无反顾地朝着目标走下去，完全没有必要去瞻前顾后。

第二种情形是，有些人的选择往往比较真性情，他们会依靠自己的喜好去选择，不在意其他因素。他们所做的决定，是遵循内心感受的，一旦做出了决定，哪怕决定在很多人看起来并不理智，但他们也勇敢去尝试，不会因为当初的选择而感到后悔。

第三种情形是，有些人想要"鱼与熊掌"兼得。于是，这些人站在十字路口，想要踏出一步，却终究因为方向不确定而毫无进展。

其实，人生大多数的选择没有对错之分，选择之后的行动才对结果有着重要影响。第一种人三思而后行，在理智的分析之下果断做出选择，他们的选择或许不是最让自己开心的，却是收益最大的；第二种人追求自由与真性情，做出的每个决定都是出于本心让自己感到快乐和放松，即使最终的结果并不美好，但至少享受了坚守自我意志的快乐。唯独第三种人，在纠结中痛苦，在选择时徘徊，犹犹豫豫毫无魄力，结果也只能毫无所获。

人生是小径分岔的花园，无论你走哪一条路，都有自己的道理。聪明的人，一旦有了自己的选择，就会努力投入到前进的路途之中，用各种观点去论证自己选择的正确性。他们会时刻感恩生活，感谢自己的努力和选择，用健康的心态去看待选择之后发生的一切事情。

相反，瞻前顾后的人，常常是庸人自扰。和其他人一样，他们在上路前也必须选择自己的道路，可是他们永远用怀疑的态度去审视一切。他们时不时地质问自己，我走的这条路对吗？到最后会取得丰硕的成果吗？别的路上的风景也不错，他们的选择会不会更正确呢？很显然，任何人一旦有了这样的心思，就很难再全心全意地往前走了。

瞻前顾后的选手难以成功，瞻前顾后的选择难以坚持。因为他们总是抱着怀疑的态度，否定自己，并不断给自己增加负担，自然会把原本胜券在握的东西丢掉。他们会一点点丧失自己的优势和锐气，心情也自然会变得压抑而沉重。原本可以轻松愉悦的生活也会变得暗淡无光。瞻前顾后不仅会滞缓人们前进的脚步，还会带来太多无法预料的负面情绪。从人的精神世界到人的现实生活，长久的担忧和顾虑就像一个巨大的黑洞，吸收着人们的精力，使人越陷越深。

波德莱尔说："英雄就是对任何事都会全力以赴，自始至终，心无旁骛的人。"西汉的班超，放弃了与哥哥一同书写《汉书》的机会，坚决投身到保家卫国、抗击外敌的战役之中，才有了后来的战功累累、流芳百世。班超选择了弃文从武，而且从不后悔自己的选择，在战争中把自己锻炼得更强大。他不会因为战争的惨烈而逃避，而是为国家做好防护的堡垒。这样一心一意坚持到底的大将，才是铮铮铁骨的英雄。选择必然有舍有得，只要在所选择的道路上坚持前行，就会获得对自己而言更为值得的结果。

有些选择是一时的，而有些选择却需要一生来践行。桃李满天下，是教师一直坚持在三尺讲台的最厚重的意义；救死扶伤，是医生选择仁心仁德的最高尚的情操；保家卫国，是军人爱国主义的最高体现。大仲马说："成功的第一条件，就是下决心。"这些崇高的选择正是人们正直果敢内心的体现。

一路向北，就能看到最美的极光；一路向东，就能追随太阳的光芒，生命因为义无反顾地走下去而充满了惊喜。瞻前顾后，只会磨灭很多可能性。所以，选择以后，就义无反顾地行动吧！即使走了弯路又何妨？至少也看到了他人看不到的风景，有了属于自己的美好记忆！

本节小结

卢梭认为："当一个人一心一意做好事情的时候，他最终是必然会成功的。"这句话是说一心一意地投入以后，会有更大的力量去做好事情。果断之人会勇往直前、披荆斩棘，他们的目标坚定，成功的可能也会更大。

成功是专心致志做好一件事

人的一生短短几十载,精力是有限度的,要想把某件事情做好,必须要全神贯注且专心致志。倘若做事"三天打鱼,两天晒网",永远也不可能将一件事情做到极致。

就像钻木取火,如果不对着一个点着力,而是不断变换摩擦点,即使花费再多心血,依旧不会产生火苗。做事情亦是如此,人们想要获得某一方面的成功,就必然专注于一点,深刻挖掘其意义,坚持在一处用力,最终才会擦出火花,点燃火焰。

小到个人,大到国家,专注的品质都是不可或缺的。专心致志于经济建设,便能取得国家的兴旺发达;专心致志于人生的奋斗,便能收获辉煌的一生;专心致志于探索创新,便能出现伟大的发明;专心致志于登临求知,便会成为知识渊博的大师。人生道路上,人们应选择自己最为感兴趣的方向,抛弃其余的杂念和诱惑,专心致志地为一件事情而奋斗,前行。

刘伟是个大忙人,还在读大学的时候,他就已经忙得不可开交了,每天都马不停蹄地奔波于教室和图书馆之间。他背着一个沉重的大书包,里面全都是厚厚的书,他每天清晨就从宿舍出发,晚上才从图书馆归来。假期时,很多同学都选择好好放松,而他却忙着考托福、雅思,报各种兴趣辅导班以及假期实习。

到了毕业的时候,同学们都以为,像刘伟这样的学霸,应该很快就能找到工作。直到有一天,刘伟跟朋友吐露心声。虽然他表面看似充实而忙碌,其实他完全不知道自己最想做的事情是什么,对于未来该走怎样的人生道路,他也没有什么规划。虽然他看起来很努力,可内心始终是空虚的。

朋友劝刘伟,既然因为有太多想要做的事而导致自己无法抉择,那就想一想什么是眼下最想完成的事情。刘伟思索了很久,也没有找到答案。他总是在为很多事情努力,可现在反倒不知道该如何下手,他想要考研,又想要出去好好旅游一番,还想要在家好好看看书……

身边像刘伟这样的人其实有很多,每天匆匆忙忙,像个陀螺一样不停地旋转着,但是因为做的事情太多太杂,到最后力不从心,一件事也没有做好,反而耗费了大半辈子的时光。等到他们幡然醒悟的时候,不知道是否还来得及呢?

梭罗曾在《瓦尔登湖》中,告诉世人一个道理:做好一件事,并且专心致志于你所做的事,一辈子也许只是一件事。读过《瓦尔登湖》的人都在宁静中感受到了心灵的震撼,那是源自一种纯粹,正如何怀宏在《梭罗和他的湖(代序)》中所说:"你要去弄清那些最基本的生活需求,而这往往是大自然慷慨提供给每一个人的。不要以复杂的方式来解决简单的问题,不要以多余的钱和精力去购买多余的东西。"

那么应该如何做到专注呢?这里有四个实用的方法。

要做到专注,确定目标是前提。这个目标是需要你踮一踮脚才能碰到的,它不是好高骛远的幻梦,也不是毫不费劲的将就。无论是长期目标,还是短期目标,只要发自于内心的祈盼,达成以后能够给自己带来幸福感,那这个目标就值得为之奋斗和坚持。一个人一旦确立了人生的目标,就要矢志不渝地坚守下去,不能盲目跟风,更不能急功近利,长此以往,必定能实现目标,并且收获心中的喜悦。

要做到专注,兴趣也是重要的一面。如果一个人对工作有了兴趣,那么他所做的事便可以称之为事业。因为这时的工作已经不仅仅只是为了获得工资,更是为了实现心中的理想。当一个人对一件事情有了发自内心的热爱,自然而然就能专注于此。因此,选择一件自己感兴趣的事情,抛开一切,心无旁骛,尽自己最大的努力,把这件事情做到极限,达到理想中的样子,那么在成功的路上,你将感受到内心的愉悦。

要做到专注,就要着眼于当下。做事的时候应努力把握时机,在实践中给自身定位,专注于值得付出努力的事情。把事情做得细致,做得彻底,这样才能走上成功的巅峰。面对看准了的事情,人们必须要有咬紧牙关不放松的精神,必须要有踏石留印以及抓铁有痕的干劲,一步一个脚印地向前迈进。那些做事漫不经心、三心二意的人,最终只会得不偿失,既浪费了时间,又看不到任何成果。而抓紧当下的每一分每一秒的人,他们专注的汗水终将浇灌出芬芳的花朵。

要做到专注,坚韧不拔也很关键。专注于一件事其实是十分需要耐心和毅力的,人们之所以做不到专注,时常被事情本身之外的事情而影响,是因为他没有获得及时的正反馈。人们在长久专注于一件事的时候,常常会发现事情并没有朝着自己预料的样子发展，或者发展得十分缓慢。因此内心的怀疑和犹豫使人们开始松懈下来，并且产生了放弃的念头，或是想要借助其他的方式来达成目的。于是一天有一个新想法，一天又有一个新思路，但没有一个想法是能够坚持到底，也没有一个思路是能够绝对践行的。坚持的路上需要专注，而专注的精神源于坚持。

"合抱之木，生于毫末，百丈之台，筑于垒土"，人们倘若不能专注于一点一滴，从小处做起，并专注地做下去，对任何事情都浅尝辄止，到头来终究是镜花水月，什么都做不成。

司马迁倾其一生，最终完成了旷世奇作《史记》，其间虽遭遇了人生的种种大起大落，但始终笔耕不辍，专注于写作；李时珍寻访群山，尝遍百草，一生专心致力于医学，最终成了一代名医，并留下了宝贵的《本草纲目》。倘若这两位大家，一生不能专注于一件事情，抑或是稍微遭遇些小挫折，就立刻止步不前，那么必定不会取得名垂千古的成就，给后人留下如此宝贵的财富。

每个人都在追逐着生活的小浪花，祈求终有一天，能够拥抱波澜壮阔的大海。理想固然是美好的，但是在通往成功的路上，却总是免不了遇到惊涛骇浪。想要成功，就必须认准目标，脚踏实地，永不言弃。

将精力集中起来，专注于一件事情，就能够发挥出无穷无尽的力量。就好比用放大镜把阳光集中于一点，就会产生能烧穿纸张的热量。"二人学弈，其一人专心致志，一人虽听之，一心以为有鸿鹄将至，思援弓缴而射之。"漫漫人生路途，那些想要成功，能够潜心专注于一件事情，并坚定不移地走下去的人，终将收获碧水蓝天、海阔天空。

本节小结

　　学习和做事正如同挖井。如果说挖到五六米深的时候，还没有见到泉水，这个时候挖井人就丧失信心，扔下铁锹，停止挖掘，那么这口井就仍然是口废井，而且之前挖井人所付出的所有努力，也都付诸东流了。追梦的路途中，假如总是虎头蛇尾，半途而废，到头来必定会功亏一篑。俗话说得好，"心专才能绣好花"。无论做任何事情，人都必须专心致志，持之以恒，这样才能成就大业。

做好当下，就是对未来负责

著名主持人汪涵说过："不管是逐渐繁华还是即将枯萎，此时此刻才是我们结结实实的人生。"仔细品味这句话，无论生命愈发精彩，还是愈发虚弱，珍惜当下才是最睿智的选择。此时此刻才是生命最真实最值得品味的，这时的苦涩抑或是清香都是恩赐，生命因此刻的感受而存在。

席勒认为："时间的步伐有三种：未来姗姗来迟，现在像箭一样飞逝，过去永远宁静不动。"这描述了过去、现在、未来三个时态。当下是短暂的，会很快流逝。人们常常说把握现在，就是把握未来，意思便是——做好当下，就是对未来负责。

人们常常缅怀过去，也常常憧憬未来，或沉浸在过去的成就中无法自拔，或因为过去的痛苦无法愈合，或幻想未来的种种美好，将希望全都寄托在有关未来的幻想之上。可是，过去和未来，就像镜中花水中月，可望而不可即。过去发生的一切都已经结束，不会再有任何改变。世界上也更不可能有"后悔药"，懊悔过去并不能起到实质性的作用。倒是有一点，那就是人们可以把过去的经验，应用在现在。只有此刻，才是能够真真切切把握住的。在日常生活中忙碌着的人，很难意识到当下才是最重要的，又有几人做到了珍惜当下？

宫崎骏可谓日本动画长篇导演的杰出代表。他对于动画的执着与热爱，超出了他对任何世俗之物的追逐。他7次宣布退隐，又7次食言复出，他永远无法放弃动画。在吉卜力工作室的时候，他每天都拿起画笔兢兢业业地工作着。他是时光的老人，也被时光温柔以待。宫崎老爷子的《千与千寻》《幽灵公主》《哈尔的魔法城堡》等作品中，充满了森林、魔女、神奇生物等童话仙境里的元素，但是作品所表达的主题却总是能切合当下，与时代紧密联系。所以他的动画长篇总是能够击中人心，他塑造的动漫人物中总是乐观积极向上地，做好当下所做的事情，总能创造一个美妙的未来。

他是一个永远都不会辜负动画的老人，在他宣布退隐以后，如果他又有了复出的想法，就会毫不犹豫地再次把精力投入到创作中。只要他能够沉浸于动画之中，他就不会在犹豫不决中浪费时间。在感觉需要调整休息时，他便急流勇退，在感觉灵感涌现时他就全心投入。他从不担心时常的退出与复出会让他失去在动漫圈原有的地位。他所做的就是遵循自己的内心，绝不因为虚荣或是名利而影响自己的决定。

现在的他已经70多岁了，老友离世的消息让他忧心忡忡。不是因为惧怕死神，而是害怕还没有完成新的作品就死去。起初，他怕对不起动画，对不起众人的期待。后来他想明白了，只要做好当下，每天埋头坚持创作，自己还能创作一天，就能给喜欢自己的观众带来更多新的作品。于是，他成了动画界的"不了之人"，在珍惜当下的过程中，不断地铸造着动画世界的新高峰。

"和什么都不做就死去，在制作中死去要好得多，做点什么总比等死强。"这便是宫崎骏对活在当下最好的诠释。他的创作是对现在时间的最好利用和最大尊重，也是对于未来最负责的做法。与其担心在制作过程带着遗憾离开，还不如珍惜当前的时光，尽可能创作出更多、更好的作品。这样的宫崎骏，才是真正的大师，不畏惧一切因素专注于创作。匠人精神，让他成为动画世界里的传奇；做好当下，让他的未来永远充满希望。

活在当下不仅要有匠人精神，还需要有一双善于发现美好的眼睛，懂得珍惜眼前拥有的一切。著名心理学家埃克哈特·托利有一本著作叫《当下的力量》，作者在书中讲述了一个发人深省的故事。

有一个乞丐已经在路边乞讨了30多年。有一天，一个陌生人经过他。乞丐喃喃地乞求道："给点儿东西吧。"陌生人却对他说："我没有任何东西可以给你。你坐着的是什么？"乞丐机械地回答："什么都没有，只是一个旧箱子而已。自从我有记忆以来，我就一直坐在它上面，我也从来没打开过它。"陌生人坚持让乞丐打开箱子，结果乞丐惊喜地发现里面装满了金子。

现实生活中很多人其实也是这样，他们拥有很多东西，却依然在寻找着。他们看不到眼前最为珍贵的拥有，不能活在当下。他们在寻找中逐渐丢失这些珍贵的东西，在挫折中带着满身戾气，对未来失去所有希望。

面对因为过去种种所造就的人生现状，人们时常怀着负面情绪去抱怨。抱怨对当下的不满，可是人们是否想过一个问题，之所以会有这样的人生，不正是自己一步步走过来的吗？造就自我人生的必然只能是自己。面对不如意的过去，人们有三种选择：第一种，继续抱怨让生活变得更坏；

第二种，选择妥协，不做任何事，原地踏步；第三种，做好当下，努力改变现状。改变固然痛苦，但未来仍然值得期待，而能够造就美好未来的，只有从现在做起。

本节小结

　　活在当下的人才会更加容易获得满足感，他们的快乐也会更多。快乐地活在当下，尽心就是完美，未来才更值得期待。当过去和未来的时钟流转，与其为了虚幻的时空而悲叹、幻想，不如坚持做好当下。当你回过头来会发现，漫天的星光虽然无法触碰，但它的光亮却是那样璀璨，朝着星光迸发，终会让全身映满星光。

拼尽全力，让你走向一切皆有可能的未来

很多时候，一个人觉得自身实力很弱，等到走投无路的时候拼尽全力努力了一次，才恍然发现，原来自己的潜力出乎自己的意料。这种对自身极限的突破必定会让人感到振奋和惊喜。

人们无法预料到自身潜藏的力量究竟有多大。如果不是因为破釜沉舟的勇气，或许人们永远也无法意识到"原来，这些事情我也能够做到！"人生在世，无论是成功还是失败，若不拼尽全力努力一次，耄耋老矣之时，总会感到遗憾：如果当初拼尽全力，可能会有不一样的结局。

所谓成功，看似深奥复杂，其实剥丝抽茧后你就会发现，成功的路上，并不是只看一个人的头脑有多聪明，而是看他在面对人生暴风雨的时候，能不能拼尽全力去冲破最后的瓶颈。"锲而不舍，金石可镂；精诚所至，金石为开。"世界上没有攀登不了的高峰，只有不肯迈出第一步的人；世界上没有完成不了的难事，只有不肯拼尽全力，努力追寻梦想的人。

巴雷尼是奥地利非常有名的科学家，并且获得过1914年诺贝尔生理

学和医学奖。这样一位成功人士,谁能想到他曾经遭受过哪些磨难?

小时候的巴雷尼患上了骨结核,小小年纪便成了残疾。平常孩子最为普通不过的行走,于他而言,却极其困难,每走一步,都像是踩在刀尖上,有着常人难以忍受的痛苦。但是他从未想过放弃。面对命运的打击,他从不怨天尤人,而是竭尽全力,赌上自己的一切,奋力拼搏。可以想象,他的每一次行走,都需要拼尽全身力气才能实现,而他却用这样的勇气获得了腾飞的力量。

上学期间,他深知自己想要实现心中理想,就必须付出比别人多千百倍的努力。于是他拼尽全力学习,成绩一直处于同级领先水平,最后以优异的成绩考入了维也纳大学医学院。后来他毕生致力于研究耳科神经学,将心血投入到所研究的事业之中,最终获得了诺贝尔奖这份至高的荣誉。

人生不是一片风平浪静、毫无风暴的海洋,痛苦和磨难原本就是人生必不可少的一部分,没有风暴的水域不能称之为大海,只是一汪死气沉沉的泥塘。想要一览壮丽风景,想要收获辉煌灿烂的人生,就要使出毕生的力气,将精力集中在一件事情之上,沉下心来把事情做好,做到极致。这样才有可能在某个领域出彩,创造出未来无限的可能。

曼德拉是南非的第一位黑人总统。他的一生,充满了传奇和冒险精神。可以说,他获得的一切,都是依靠自己的努力,一点一滴地拼搏出来的。他曾经历过无数次举步维艰,甚至是穷途末路,好多次都险些丢掉性命,但他并没有被眼前的困难所打败,拼尽全力为捍卫心中的理想而奋斗。最终他赢得的不仅仅是南非人民的支持,更是全世界人民的敬佩。

曼德拉出生在一个贫穷的小村子里,9岁的时候,父亲就因病去世了。

当时的社会环境并不好，部落发生冲突的时候，大酋长就会倾向于白人政府所制定的法律，这令他感到了强烈的不满。上学之后，他经常组织同学，一起抗议白人的不平等法律，还因此受到过学校的处罚。但他从未想过要就此放弃，他几十年如一日地进行着顽强不屈的抗争。他所做的每一件事都充满了挑战，但他对待每一件事都做到了拼尽全力，不留遗憾。

曼德拉曾经说过一段耐人寻味的话："生命中最为伟大的光辉，其实并不是永不坠落，而是每次坠落后，总能再次升起，才是最为耀眼的。"

现在流下的汗水，洒下的泪水，都是在成就未来更为强大的自己，所以一切都是值得的。面对命运出的难题，每个人都应用百倍的坚强来面对，拼尽全力与命运搏一把。然后人们会发现，曾经痛彻心扉的事情，等到某一天回头看时，只剩下淡然的笑。阅历足够丰富，才会慢慢看开人生中的磨难。当一个人觉得前途无望、黑暗，无所寄托的时候，一定要攥紧拳头，再撑久一点，因为这将是人生蜕变的契机。

梅花经受了寒冷冬季的考验，才能飘香万里。宝剑经受了高温的锤炼，才能锋利无比。人也是一样，想要收获五光十色的人生，也要经受大大小小的磨难。坚持到底、拼尽全力的人，往往才是能够冲破障碍、笑到最后的人。

抛下眼前的安逸享乐，摒弃心底的各种束缚，为自己确立一个目标。轻装上阵，为未来的人生努力拼搏一把，无论成功与否，最起码垂垂老矣之时，你不会因为碌碌无为的一生，而孑然叹息。成功了必然皆大欢喜，哪怕失败了，你也是自己的大英雄。到底是否要做人生的主宰者，决定权在你自己的手中。一个敢于拼尽全力的人，无论成败，至少称得上是勇士！

本节小结

咬牙挺过去了,就会看到令人惊叹的美景,实现自我的一次成长与蜕变。但是大多数人,都会在这场考验里面,坠入山崖,永远无法接近心中的太阳。无法拼尽全力的人,一旦面对绝境,那几乎是致命的打击。而一个能在绝境中拼尽全力,努力一搏的人,或许能够翻转全局,改变局势。

用心把简单的事做好就是不简单

浮世若海，人不过是一叶扁舟，一尾小鱼，有着简单的愿望，过着简单的生活。可就是平凡的人们，在平凡的世界里用简单的生活构成了世界多彩的画卷。一个平凡之人，若能用心把简单的事情做好，就将为世界的缤纷增色添彩。

生活中很多人都有着极其远大的理想，可若真让他着手去做，他又会退缩并粉饰说："太简单，不是我该干的活儿！"可是，一个人一生能干几件大事？一屋不扫何以扫天下？好高骛远的人或许连简单的小事都做不好，又何谈成大事呢？人们在面对生活工作时，大的框架尽善尽美，落实到简单的小事却马虎大意，于是"千里之堤溃于蚁穴"，换来竹篮打水一场空。真正聪明的人，会更愿意先把简单的小事做好。

众所周知，餐饮行业利润高，但也很难做。一千个食客有一千种口味，众口难调，咸甜难拌。并且，随着人们的生活质量越来越高，人们的生活方式、消费观念也在随之发生改变，在原有功能满足的前提下，人们更加注重品牌品质、体验以及安全健康等因素，这使得想要干好餐饮业更是难上加难。然而在这种竞争激烈的情况下，有一家火锅店不仅开遍全国，甚至走向世界，它就是海底捞。

《全球华语广播网》曾对海底捞进驻洛杉矶富人区阿凯迪亚市的分店进行过详细报道。在国内大热的海底捞，走到美国也大受欢迎，开业近一个月就吸引了大量客户前来品尝，华人们吃得不亦乐乎，生意火爆。细细分析其受欢迎的原因，除了食材好，口味好以外，和海底捞愿意弯下腰来做简单的小事也不无关系。

国内许多连锁火锅店，服务员的工作范围仅局限于点火、开炉、加底料，等端上食材之后便不见人影。顾客若想要加汤，往往喊很多次都无人应答，想要其他服务更是要等很久。而海底捞却以提供个性化服务为理念，坚持从小事入手，从细节着力，尽力给顾客最完善的服务，大到报菜名，小到加汤，都把顾客照顾得无微不至。整个就餐过程中，服务员一直站在顾客身后，以便能够快速地了解顾客的需求。海底捞甚至还提供修指甲，擦皮鞋等服务。这些服务看起来和火锅店相去甚远，却为海底捞带来了意想不到的成功。

在这些服务员流畅完美的服务背后，是海底捞管理层对服务员素质的高要求。服务态度是海底捞管理层制订的一项重要的员工考核标准。是否能够面带微笑，是否可以和顾客有效沟通，是否自觉站在安全距离以外，这些在海底捞都有严格的标准。这些事情和企业的其他事务相比，好像是最细枝末节的事务，可正是把这些简单的事情做好了，海底捞才接地气、入民心，成了中国火锅连锁店的龙头企业。

惊天动地的大事不会天天都发生，荡气回肠的故事不会时刻都上演，辉煌磅礴的伟业不是人人都可以造就。更多时候，平凡日子里的小事情才最真实。海桑有一首诗集，叫作《不如让每天发生些小事情》，阳台上的花开了、女儿开始蹒跚学步、夕阳西下时漫天的彩霞……这些小事构成了人们的一生。把每一天的小事情做好，那么这一天也就过得有意义了。

温婉，一个和她名字一样温婉的女子，出生在江南小镇的普通家庭。在读书的时候，她就是一个温婉如玉的人，她会在同学生病的时候帮同学倒一杯开水，会在大扫除的时候帮同桌擦好桌子。工作以后，她也不放过工作中的每一个细节，大到接待客户，小到办公桌卫生，她都一丝不苟。对待婚姻生活，她更是会做到无微不至，如果丈夫带着倦意回家，她总是能察觉到他的情绪并且加以安慰，与婆婆相处时也总是能够说到老人家的心里去。

她的闺蜜总是说她胸无大志，打趣说她这一辈子呀，是被困在"笼子"里了。其实，这是许多贤妻良母遇到的共同问题。很多人对于贤妻良母都有一种误解，认为她们将工作处理得井然有序，生活上也打理得很好，就会失去了自己的理想。其实不然，温婉心中仍是有职业理想的，她知道做任何事情都不能急功近利。

温婉的职业理想不仅仅局限于现在的公司，她还有更高的追求，可是那些追求自己暂时还不能达到，那又何必整日为了遥远的目标着急呢？眼下只有认真给自己充电，提升自己各方面的能力，才可能慢慢接近自己的目标。虽然温婉早已下定决心要辞职，去更高的平台工作，但是她对现在的工作丝毫没表现出任何倦怠，同事和领导也看不出她有什么异样。她明白，如果因为所谓的野心而失去了平衡，就会让人陷入浮躁。因此她的内心始终像平静的湖水一样清澈安宁。3年来，她踏踏实实做好每一件小事，把每一步都走得很稳。

温婉是在考取了注册会计师之后辞职的。消息传遍公司，大家都以为温婉可能会一直在公司工作，更没有想到她会有这样的举动。最让大家想不到的是，她的下一个工作单位是当地的一家龙头企业，而且她即将上任的职位是许多人梦寐以求的岗位。温婉就这样默默无闻地实现了事业上的一次腾飞。

生活的本味就如同一杯温开水，温暾却解渴，朴素又实在。每个人都曾经幻想过成为世人眼中的英雄，但是不要因为远大的梦想就忽视简单的小事。"勿以恶小而为之，勿以善小而不为。"聪明人知道，成大事者必能做小事，只有用心做好小事，才能为心中的大理想奠定基础。

用心，是浮躁社会里难能可贵的品质；简单，是纷繁生活中珍贵的心态。能够把简单的事情用心做好，做到极致，是一种态度，更是一种成功。

本节小结

做人应该是既仰望星空，又脚踏实地。仰望星空是指要有宏伟的抱负，脚踏实地是指要把简单的事情做好。行走在夜间，若一味仰望星空，就有可能因为疏忽大意而掉进脚下的沼泽中；而一味脚踏实地，没有北极星的指引，又会迷失方向。一个人若心中有了方向便等于夜行时有了北极星的指引，而此时应该做的就是一步一步，朝着既定的方向前行，沐浴在星光之下，用坚实的双脚踏出一条属于自己的人生之路。这样的人生才是充实的，人们也会在这种前行中感受到追寻理想的快乐。

爱上那个努力的自己，才能跑到最后

美国一位心理学家曾说："每一发奋努力的背后，必有加倍的赏赐。"努力不一定能成功，但成功之人一定努力过。

不可否认，人人都想在成功的路上跑到最后，可是，通往成功的道路蜿蜒曲折、阻碍重重。枯燥的工作，艰苦的学习，独孤的闯荡……无时无刻不在磨炼人的意志，削弱人的激情。很多人选择用放弃来换取轻松，然而，半途而废的人永远找不到宝藏。不要在前行的路上叹息，要知道，人只有整理好心情，爱上那个每天努力又热情洋溢的自己，才能奋力地跑到最后。

"让今天这个认真努力的你，一步步走向明天那个更加美好的自己。"这是小米同学的座右铭。小米在学校时就是风云人物，每年都拿到专业里的国家奖学金，又是学校广播电视台台长。她说话、做事亲切又利落，自带的从容气质吸引了一大批崇拜者和追求者。

大家都认为，像小米这样的天之娇女，肯定是含着"金钥匙"出生的，是父母用宠爱和金钱培养出来的模范样本。可与她接触之后，大家才知道，她的家庭条件并不好。她的家乡在西南地区一个偏僻农村，家境普通到可以说是贫穷了。而且由于家中仍有重男轻女的观念，排行老二的她从来没有得到父母一丝一毫的宠爱。

"那能怎么办呢，怨天尤人又不能有什么改善。"小米笑着说，"我只能努力努力再努力，依靠自己去闯一条路。"由于深知学费来之不易，她从小学就要求自己每次考试一定要拿到第一。除了课本知识以外，她还阅读了大量的书籍，这种阅读的好习惯一直坚持到大学。当经历过高考进入大学之后，大部分人都开始松懈下来，她依旧每天早起背单词、学电脑、跑步健身，也开始学习化妆和打扮自己，练习自己的口语发音……

她从最初一块粗糙的石头，渐渐打磨成了一块晶莹的宝玉，流光溢彩，精美绝伦。而这一切并非命运眷顾，是她自己努力的结果。她说："当我一点点开始变得越来越好，我就越来越爱这个努力的自己，因为那个努力的我，才成就了如今的我。"在说这句话时，她已经拿到了布朗大学的录取通知书和全额奖学金，即将赴英念书。

你可以艳羡别人腰缠万贯，但不应该满足于自己的贫寒；你可以羡慕别人花容月貌，但不应该任由自己蓬头垢面；你可以说别人有命运的眷顾，但这不是你自暴自弃的理由。你可以说他们的成功因为幸运，然而幸运女神永远只会眷顾有备而来的人，要做到"有备而来"则需要人们在许多默默无闻的时刻里咬紧牙关。

很少有人是天生的幸运儿，每一份令人艳羡的成功，背后都有无数的汗水和泪水。冰心曾说过："成功的花，人们往往惊羡它现时的明艳！然而当初它的芽儿，浸透了奋斗的泪泉，洒满了牺牲的血雨。"

有这样一个故事，故事的主人公叫纯，他是销售部的业务员。纯一开始的工作意向是责任编辑，然而不善交际的他却被分到了销售部。他性格内向，不知道怎么融入大家，也觉得自己的才华无处施展，更不喜欢销售部"浮夸"的氛围。于是，他硬着头皮面对每天的工作，"做一天和尚撞一天钟"。做事不积极主动，在同事中更没有存在感，大家送给他一个外号，叫"幽灵"，形容他来无影去无踪。

后来，公司来了一个新人小熊。小熊是一个充满了阳光和正能量的女孩子，每天笑容满满，做什么事都很有干劲。有一次，小熊正好和纯负责一项事务，风格迥异的两个人对彼此都十分看不惯，闹出了很大的矛盾，两人不欢而散。然而，正在这时候，纯受到小熊的启发，提出了一个提升业绩的新观点，到最后取得了不错的成果。销售部的同事都纷纷称赞纯的机灵。

纯受到这种久违的认可，内心十分感动，一直沉睡的动力和勇气也仿佛苏醒了过来。他渐渐主动去做很多事，从对事物漠不关心到开始观察消费者的购买模式；从不敢提意见到勇于提出自己的想法；从不想跑业务到愿意每天多跑一些，自发地开始愿意去做从前觉得徒劳的努力。纯整个人的生活焕然一新。当然，他也早已爱上了这份销售的工作，再也没有想过转到其他部门或者辞职的事。

当你努力的时候，你会发现，身边的人似乎都在帮助你，你也会发现，努力的自己更容易得到他人的肯定，更容易结交到朋友和知己。在努力的道路上，你并不孤独，因为那是一条人人不甘堕落的大道，人们肩并肩地走在路上，没有故作柔弱的假象，也没有虚伪娇柔的问候，人们只是向你微笑着,但这笑容足够鼓舞你继续坚定地走下去。唯有努力,才能为自己打开一个新世界的大门,让自己看到一个全新的世界。那个世界里,有你的榜样,有你想要成为的人,而你将有幸与他们携手走一程,彼此成就更好的自己。

成功没有速成之道,假如不努力,彼岸永远可望而不可即。有人自怨自艾,有人故步自封,有人画地为牢。你要做的,是爱上努力的自己,享受努力的过程,在暴风雨的洗礼中,奋力挥动翅膀,朝着目标努力搏击,若你能抵抗疾风骤雨,自然也能享受阳光明媚。你若盛开,蝴蝶自来,你若努力,成功必在!

本节小结

不积跬步无以至千里,不积小流无以成江海,努力的过程就是每天为自己充电的过程。每一天都有一个小进步,经年累月,一定能让你看到一个全新的自己。而那时,当你回看走过的路,虽然它是那样孤独漫长,但在那条路上走过的自己是那么坚强,那么让你心生敬佩。

反省自我,才是对人生负责

为什么你不管做什么事情都容易半途而废,不能坚持到底?到底是什么偷走了你的坚持?很多人只抱怨没有收获成功,却不会反思到底自己哪里做得不对,为什么没能坚持到最后?要知道,去做,只是一个行动。坚持去做,才是开始。

是谁，偷走了我的坚持

人们在时光流转中经历了沧桑变化，每个人也在尘世中有着自己的坚持。有的人一生坚持本心，寻求内心的超脱；有的人一生坚持学习，寻求知识的丰硕；有的人一生坚持运动，寻求身体的健壮。每一份坚持都有人们对美好生活的向往，激励着人们在日复一日的重复之中感受充实与快乐。

一个心中有坚定信念的人，就会不断朝着理想之地进发，不达目的不罢休。可是现实中，人们听过很多故事，也懂得许多道理，可真的要坚持下去却并非易事。当你坚持不下去的时候，应该找个时间，静下心来，问问自己：是谁，偷走了我的坚持。那么，你想过下面这些情况吗？

第一，你坚持了多长时间，是不是太急于求成？

第二，你为什么要坚持？

第三，当你在坚持的路上遇到问题时，去寻找原因了吗？

第四，只有意志力和决心就能坚持下去吗？坚持的路上有没有什么方法？

第五，你的全部时间都充实地度过了吗？

第六，你是否"三天打鱼，两天晒网"？在坚持的路上你是否勤奋？

第七，当你坚持不下来，忍不住抱怨的时候，抱怨完之后你又做了哪些努力呢？

回顾这些问题，你就会明白，自己的坚持到底是怎么样被偷走的了。

拿创业这个例子来说。或许真正创业的人是少数，但大多数人都曾有过创业的梦想。创业是一件需要智慧，更需要坚持的事情。

严嵩就是一个天资极高的人，管理学出身的他对于市场运营有着自己独到的见解，也善于发现市场中隐藏的风向。于是在大学毕业时，他便开始了自己的创业之路。

一开始他的公司势头很猛，很快脱颖而出。而伴随着公司的小有成就，有许多恶意竞争者雇佣"水军"抨击他的公司，由此给公司带来的隐形损失十分巨大。而后那些恶意竞争者乘虚而入，将严嵩之前的市场份额抢占一空。严嵩万万没有料到自己会以这样的方式被打败。

创业失败后，严嵩为了积累经验决定进大公司学习，一去就是三五年。这期间，严嵩虽然时而有继续完成自己的梦想的念头，可是终究没有付诸实践。因为每当严嵩想要放弃现有的一切开始创业的时候，他心中都有千万质疑：这样真的值得吗？如果再一次失败了自己还能够承受吗？

严嵩心中虽然仍旧有着创业梦，但终究只是镜花水月，可望而不可即。连严嵩自己也不知道，为什么自己没有了当初的那份决心，没有了当初一无所有却能够破釜沉舟的勇气。

想想这么多年自己的经历，严嵩突然觉得，自己坚持创业的理想是在生活中慢慢磨灭的。

一开始，严嵩坚持做成功一件事情的决心很大，可是伴随着打击和挫折，他开始恐惧。坚持犹如摸着石头过河，前路有什么一无所知，在这种恐惧的阴影之下，严嵩虽然告诉自己要镇定，但内心始终有些惴惴不安，害怕公司会遇到什么危机。

最关键的是，严嵩没有应对危机和风险的措施，在竞争对手的打压下，他没有深入反思自己的管理模式。一次创业就成功的人本就很少，严嵩在第一次失败后，有些害怕再次创业失败，于是便贪恋大公司的安稳了。

严嵩想到恐惧、妥协，不仅有些黯然。他本认为自己是一个拥有强大内心的人，面对打击不会气馁。可是回想自己这几年的经历，他却发现，原来自己的意志力竟然如此薄弱。在未知的事物面前，他没有以清醒的头脑去面对，如今虽然悔不当初，但是已经没有心力再重新开始另一段冒险了。

很多人和严嵩犯了同样的错。人们一开始想要做成一件事的时候，常常激情满满，并且有信心一定会抵达终点。可若做事只凭一腔热血，那么坚持也一定不会长久，因为激情如潮水，来得快，退得也快。一个人如果做事之前，没有预想过过程中会遇到的艰难险阻，对未来的困难没有预料，那么他便算不得理智。

很多人有着过人的天赋，有着极高的智商，有着超乎常人的交际能力，有着灵活多变的思维能力，但他们却仅仅满足用自己的聪明才智换来更加轻松一点的生活，而没有更高的追求。或许他们曾经有过追求，但是却也在不知不觉中丧失了斗志和坚持的决心。

消沉在柴米油盐中的人们，醒醒吧！想想自己当初的梦想，它是那么熠熠生辉，如今却蒙上了厚厚的灰尘。"平庸"这个盗贼想尽办法偷走人们的坚持，为的是让人们都变得不堪一击。而那些坚持本心的人能够稳如磐石，不受诱惑，不被"平庸"偷盗，是因为他们将自己的初心和梦想守护得严严实实，只在一个人的时候，看着那白璧无瑕的理想，笑着对自己说，因为坚持，此生无憾！

本节小结

坚持的人终将成功，于是"平庸"就操控许多人性的弱点来蚕食人们的决心。安逸享乐中人们开始惧怕吃苦；随波逐流中人们开始习惯妥协；娱乐消遣中人们开始变得懒惰。人们在享受平庸生活带来的快乐时，很少会清醒地意识到自己在消磨意志。等到人们已经逐渐熟悉了灯红酒绿，习惯了养尊处优，"坚持"似乎也显得没有必要了。

你是否想过为什么要坚持

人们通常会有这样的体验：当下定决心去做某件事时，往往一开始兴致勃勃、激情满满；可是坚持一段时间之后，日子开始变得十分难熬，每一分每一秒都让人感到乏味与痛苦；再到后来，人们开始怀疑当初的那个决定，甚至很多人就此放弃，认为自己根本不是那块料。但是，你是否想过你为什么要坚持？

有人问，坚持本来就是一件好事，难道还需要理由吗？其实，这个问题不是要否定你的坚持，是因为，只有知道自己坚持的初衷，才有可能找到坚持不下去的原因。

古人云，"有善始者盖繁，能克终者盖寡"。有始无终、半途而废的例子不在少数。很多人在激情中开始，在怀疑中放弃。

做事如果只凭借一腔激情，一开始或许还有一股冲劲，干得得心应手，等事情做到一半时，人的承受能力到了一定极限，此时最为难熬。这个时候就需要有强大的毅力作为支撑才能坚持下去。但是毅力并不是凭空产生的，如果你不知道自己为什么要坚持，你就可能找不到产生毅力的源泉。

不知道从什么时候开始，人们对于坚持的渴望，好像渐渐脱离了初衷。生活中随处可见各种励志的标语式话题，不知不觉间，我们被"坚持"绑架了，坚持成了成功的唯一条件。仔细想想，你坚持某一件事，是想让自己变得更好，还是想要变成别人喜欢的"成功"者的样子？你在坚持的过程中，是在享受坚持带给你的快乐、期待成为更好的自己，还是幻想着做成某一件事后，周围人对你投来的羡慕的目光？如果你想要的是后一种结果，那么你可能已经脱离了坚持的本质。

你可以试着想象一下，如果别人不喜欢你成功的样子，如果别人对你的成功丝毫不在意，你还会有继续坚持的动力吗？除了这些功名利禄，自己又是为了什么在坚持呢？

2017年5月上映的印度电影《摔跤吧！爸爸》引起了社会热议。这部电影的导演是著名影星阿米尔·汗，讲述了曾经的摔跤冠军辛格培养两个女儿成为女子摔跤冠军，打破印度传统的励志故事。

电影中的两个姐妹，最初练习摔跤是因为爸爸的梦想：让印度也可以有国际摔跤冠军，提升印度的国际地位。在爸爸的逼迫下，女孩们不得不每天早起训练、控制饮食，但她们心里终究是不情愿的，只要有机会就和爸爸进行反抗。女孩们在爸爸的要求下脱掉长袍，穿起了妈妈为她们缝制的男式短袖和短裤，甚至一头长发也被剪掉，变成男孩的板寸头，这让两姐妹不仅在村子里饱受村民的嘲笑，在学校里也被调皮的同学指指点点。她们也想着各种办法在训练上偷懒。

一次，两姐妹偷偷让妈妈帮她们仔细梳妆打扮了一番，瞒着爸爸跑去参加好朋友的婚礼。正当她们在婚礼的舞会上尽情唱歌跳舞的时候，被爸爸发现了。他阴沉着脸赶了过来，朝她们发了一顿火，又生气地离开了现场。众目睽睽之下，她们恨不得从地上找个缝钻进去，于是跑去好朋友的房间，向新娘子哭诉。没想到，新娘子却说道："我倒是羡慕你们有个好爸爸。起码你们不用整天做家务，照顾弟弟妹妹，而我14岁就要被当作累赘嫁到别人家里去，然后给一个从来没见过面的男人生孩子，为家庭琐事操持一辈子，这就是我的人生。"

这时候，两姐妹才意识到爸爸的良苦用心。原来爸爸并不是把他自己年轻时未完成的梦想强加到自己身上，而是要免于自己沦入年纪轻轻就要嫁人生子的命运之中。当她们意识到摔跤对于自己的真正意义时，就不再需要父亲逼迫了。

第二天，父亲惊讶而欣慰地看到，两个女孩早早地就起床训练去了。姐姐在和男子摔跤运动员的比赛中接连胜出，胜利带来的成就感和荣誉感最终使她真正爱上了摔跤这项运动。经过多年的努力，她终于在英联邦运动会上击败上一届的金牌选手，实现了父亲的梦想，也实现了自己的人生价值。

当你坚持不下去的时候，不妨想一想，自己是为了什么而坚持？外在的压迫可能不足以使你一直前进下去，只有由你内心产生的驱动力才是坚持永不枯竭的源泉。如果想不清楚这个道理，你就很难从根本上去克服有始无终的问题。

英国作家狄更斯,为了写出好的作品,平时就很注意观察和体验生活。每天无论是刮风还是下雨,他都一定坚持到大街上去观察、聆听,然后记录下人们的只言片语,从而不断积累丰富的生活资料。就是靠着这种坚持不懈的毅力,他才能够在《大卫·科波菲尔》里面写下非常精彩的人物对话,在《双城记》里面也留下了生动写实的社会背景描写,从而在文学领域取得了巨大的成功,成了英国的一代文豪。

激情因为来势猛烈,所以去势也如山倒,速战速决和逞一时之快并不难,真正难的是发现激情背后自己真正想要的东西,然后日复一日年复一年地坚持下去。当你认真努力地去做某件事情,并为之坚持不怠,等到垂暮之年细细回想起来,你才不会因为自己虚度年华而悔恨,不会因为半途而废而遗憾,这大概就是人生的意义吧!

本节小结

如果我能长期坚持去做一件事,一定是这件事带给我的丰盈感和满足感超过了我的所有付出,一定是这件事日日夜夜萦绕在我的心头让我欲罢不能,一定是这件事唤起了我内心深处最强烈的兴趣。也就是说,赐予我坚持的力量的,是内心的渴望,而不是外力的鞭策。

总在一个地方跌倒，就该学会思考

每当新生入学的季节，林华就会颇有感慨，因为她是在经历了三次高考之后才来到了自己心仪的大学。她站在川流不息的学生和家长中间，听着行李箱的轮子滚滚向前的声音，看着一张张稚嫩又充满期待的脸，记忆仿佛又回到了最初的起点。

那是在她第二次高考知晓成绩的那天，可谓悲喜交加，喜的是自己其他学科的成绩依然遥遥领先，悲的是自己的短板仍旧出在数学一科上。她想起自己第一次高考失败时候的情景，那时候也是因为数学成绩拖了后腿。考虑再三之后她决定复读，而如今成绩出来了，她仍旧因为数学成绩不佳，无法进入梦想的学校。

自读书以来，林华就是个文科天才，她的语文和英语一直在全校位居前列，可是数学成绩却一塌糊涂。老师们都无法理解，为什么其他学科都这么优秀的她，偏偏数学成绩是她的短板？甚至因为数学成绩导致了两次高考的失败，实在令人痛心。老师们也替她着急。

那个暑假，林华是在极度的郁闷中度过的。她深知如果再一次复读对她来说意味着什么，不但意味着时间的流逝，意味着又一年的起早贪黑，让她更揪心的是，即使再复读一次，自己的数学成绩仍然会是一个大问题。

有一天，她白天做了很多数学题，摸索解题方法，睡前又翻来覆去地想这两年学习数学的经历。最后，她带着泪痕睡着了，睡梦里是她学习攀岩的场景。她初中暑假参加了青少年夏令营，其中有一项活动是学习攀岩。林华看着陡峭的岩石，心中充满了恐惧。可是大家都在努力向上攀爬，她又有什么理由退缩呢？于是她奋力向上，并不去想脚下的高度。可是在一处岩石拐角处，她总是无法翻越，每到那里她都会因为缺乏力量而备受阻碍。就在林华想要放弃的时候，指导老师过来了，教她在翻越时，先踩到一旁另一处阶梯上，再顺势向上攀爬。按照老师的方法，林华用力一蹬果然翻上去了。

醒来后，林华觉得自己不是在做梦，而是潜意识里在说服自己，遇到困难的时候，多从不同的角度思考，找到合适的方法，或许困难就会迎刃而解。

带着这样的心理，林华走上了第二次复读的道路。身边的同学们都比自己小两届，但她并不觉得有什么难为情的。因为她这一次的目标很明确，那就是一定要补齐短板，把绊脚石变成垫脚石，让数学为自己的高考助力。

之前的经历，让林华懂得思考与变通。林华逐渐懂得，之所以自己学不好数学，首先是因为自己存在偏见。由于自己从小到大其他科目太好，而数学又格外偏科，就逐渐产生了自己没有数学天赋这种想法。这是非常可怕的。认为自己没有某一方面的天赋，特别容易让人想要放弃自己。其次，长板容易更长，短板容易更短。因为长板本来就是自己所擅长的，稍微投入一点精力就会取得很大的收获，就更想在上面付出更多。而短板正好相反。自己平时投入了过多精力在其他学科上，数学虽然也在学习，但都是浮于表面，没有潜下心认真钻研，潜意识里还是有那种"破罐破摔"的态度。最后，还是因为自己怕吃苦，忍受痛苦的能力太差。自己的数学落后那么多年，要弥补的地方实在太多，想要达到平均水平将是一个浩大的工程，要比其他人付出更多努力。

想清楚了这三点，林华便也明白了自己今后的努力方向，那就是不要因为畏惧而放弃努力，更不要因为自身在某一方面的不足而"破罐破摔"。虽然自己曾经在数学成绩上跌倒过两次，但那并不代表自己就不能爬起来，一切都还来得及。

于是在此后的学习中，每天在对其他学科进行巩固的同时，林华将自己最大的精力放在攻克数学短板上。从那以后，每一场小测验和大考试，林华都能看到自己的进步。以前，高中数学的整个知识体系在她脑子里是很混乱的，但是随着她的努力，慢慢地她发现，她对数学有感觉了，数学在她这里也变得和其他学科一样清晰起来。终于在第三次高考中，林华取得了良好的分数。虽然还不算特别拔尖儿，但由于其他学科的成绩都是名列前茅，她顺利地考进了自己心仪的大学。

像林华这样经历过高考失利的人有很多，大部分复读者都通过自己的努力获得了进步，但是还有少部分复读者即使再学一次，依旧还是会跌倒，甚至成绩还不如第一次。运气或许只是小部分的因素，最为重要的还是因为在第一次跌倒之后，他们很少认真去思考，就算有过思考，也很难在实践中去坚持改变、提升自己，因为坚持本就是一件很苦很累的事情。

科学家是经历过成千上万次的实验失败，最终才突破瓶颈，寻求到科学的真相；社会学家做调查，是经历过千丝万缕的联系观察，最终才得出一个社会现象的结论。各行各业，人们若想要取得一点成就都需要做好经历多次失败的准备，并在每次失败之后，不断改进方法，再进行下一次试探，最终才会获得成功。

跌倒和失败并不可怕，可怕的是人们即使再次站起，也无法总结出自己跌倒的原因。所以人们在曲折前行的道路上，不要忘记与思考为友，那将会让自己坚持的头脑更加清晰，让自己坚持的脚步更加稳健！

本节小结

总在一个地方跌倒并不可怕，怕的是人在跌倒之后不去思考跌倒的原因，只是毫无目的地爬起来，然后继续下一次跌倒。人们应学会通过"举一反三"来找到事情发展的规律，获得更多的经验。在每一个事件中逐渐学会思考和积累，如此便可以扩展自己生命的宽度，让自己变得更有智慧。

坚持不是"熬中药",而是"巧用力"

在坚持的路上,人们时常有这样的疑惑:自己明明比其他人更加刻苦,为什么所取得的成效却不如他人?为什么有的人看似一直都在坚持,却始终无法突破?为什么有的人似乎毫不费劲就能得到其他人非常努力才能取得的成就?

这样的疑惑也在李楠心中盘旋着。李楠在大三那年决心考研,她每天都坚持早上6点去图书馆,直到闭馆才回宿舍。除去吃饭时间,她几乎一整天都在图书馆待着。而与她一起备考的舍友王丽却和她相反。王丽从来都不会早早到图书馆,而是请李楠帮自己占位子,等到自己在食堂吃过早饭,才到图书馆开始学习。到了晚上,她还坚持去操场跑步。除了在图书馆的时间,李楠觉得王丽对待学习的态度与自己完全不同,也不太像考研的样子。可是初试成绩下来的时候,李楠震惊了。王丽与她报考的是差不多层次的学校,但是成绩却比她多出二三十分。李楠十分失落,她搞不清楚自己明明一直在坚持,为什么会是这样的结果?

李楠或许还不明白,虽然坚持的确是一种非常良好品质,但若只一味去追求坚持的形式，结果也并不一定尽如人意。如果坚持的时候方法不对，那么坚持下去也只不过是在浪费时间。这样的坚持本质上不过是做些表面功夫，并不会有实际的效果。王丽备考的过程中并不在意坚持的形式，更加在意坚持的本质。虽然她学习时间比李楠少，但她在学习时有着强烈的目的性，她的效率也因为自己内心的要求而变得更高。坚持并不只是一种宽慰自己和他人的表面功夫，而是实实在在地为了目标所做的努力。

坚持和"熬中药"在一定程度上有些相似。熬中药的时候最重要的是文火慢熬。中药在规定的熬制时间里熬得时间愈久，药味愈浓，药效也更好。坚持往往也是一个漫长的过程，不容易立即见效，而是随着时间的增加显现效果。

可是，虽然两者极其相似，但是坚持并不简单的等同于"熬中药"。一味文火慢炖地去做一件事情，并不能保证一定会得到预期的效果。最重要的还是要带着技巧、方法去做事情。

每个人做的每一分努力，只有自己才清楚，其中的酸甜苦辣都要自己去体味。有些人长时间坚持去做一件事情，往往把自己感动得五体投地，觉得每一天都比别人过得充实。可是他们不明白，坚持不只是一种形式，更重要的是要有实效。

很多人不是不坚持，不是不努力，可他们并没有掌握坚持的真谛，只是一味营造自己在坚持的假象。殊不知，那样做就像走下坡路的蜗牛。蜗牛要下坡，如果一步一步慢慢地爬，到达目的地的过程将十分艰难漫长，而且枯燥乏味。如果蜗牛换一种方式，比如缩进壳里滚下山坡，这样，同样是坚持前行，显然后者又快又省力气。很多时候，并不是耗费越多的时间和精力就能把一件事情做得更好。多动动脑筋，仔细观察和思考，在坚持的路上找方法。那么，这样的人在学习、工作中，肯定会有意想不到的惊喜。

每每谈及"坚持"二字，人们脑海中一定会浮现出很多熟悉的典故，古有"李白之母铁杵磨成针"今有"红军长征二万五千里"。这些大大小小的故事都在告诉人们学会坚持，学会持之以恒的重要性。但光阴似水，日月如梭，时代随着光阴的流转呈现不同的面貌。理论需要与时俱进、不断创新，人们的思维也不能过于固化。在坚持去做某件事的时候，人们不能仅仅停留在"熬中药"的阶段，那和机器人机械地做事毫无两样，很难取得实质的进步。在时间之外，坚持最需要的是思维和态度，只有拥有了灵活的思路，懂得"巧用力"，人们才会在有意识的活动和思维中让坚持这种品质更好地发挥效用。

所有成功者都佐证了坚持的作用，但是那些成功者并不是一味地孤注一掷，机械地重复，而是在失败中不断总结，不断寻找最佳方法，他们的坚持渗透着智慧，而非愚智和古板。

人们熟知的一项运动——马拉松，看似只是简单机械地跑步，很多人也只是认为，只要一直跑下去就能够到达终点。可是实际的跑步过程中，除了运动员心底的那种拼劲和意念，更重要的是在比赛中调整身体的机能，以增强适应能力。运动员不仅需要讲究速度均匀，体力分配，还要提前看场地，把每一赛程的标志记住，在心里计算好每一赛程的速度和呼吸程度，才会让自己在整个比赛中更加得心应手。试想一个人去参加马拉松比赛，仅仅依靠坚持的信念而不注重跑步时的方法，那么很有可能会让身体异常疲惫。即使这个人非常想坚持跑完全程，但是他的身体素质早已经无法支撑，最终也只得遗憾地离开赛场。

和马拉松相对应的，是日常的跑步锻炼。很多没有运动习惯的女生，想要通过跑步来减肥，但是一些人往往是"三天打鱼，两天晒网"。实际上，即使看似不起眼的跑步，也有非常大的学问。很多时候跑步坚持不下来，并不是你意志力不坚强，而是没有掌握正确的方法。

人生中大大小小的事情也是这样。如果只有一腔热血，或许凭借着激情能坚持一下，可是长久的坚持是一件有张有弛的事情，并不是流于形式的忙碌。一个人只要能够时刻明确目标，知道自己要前行的方向，然后坚定信心朝着目标前行就好，累的时候就慢慢走，效率高的时候就快速走，如此便可以有条不紊地坚持下去了。

本节小结

"精诚所至，金石为开"，成功需要坚持，坚持是一种必不可少的品质，但是坚持并不是"熬中药"，而是"巧用力"。在坚持的过程中，要赋予其智慧，而不是头脑简单、四肢发达地埋头苦干。因为这样的坚持不仅耗费时间和精力，最后效果也不尽如人意。只有真正做到有智慧的坚持，才能收获成功之果。

"杀死"你的不是时间，而是你把时间过得毫无意义

时间是挂在墙上钟表里的时针和分针，他们一前一后，在人们耳边滴答滴答地走过。人们却并没有意识到时间在慢慢地流逝，自己的生命也在一分一秒地减少。

很多人在慵懒与闲散中让自己的生命荒废了。可他们回过头来，却责怪时间走得太快，竟然没来得及让他们回看一下便消逝了。事实上，并不是时间走得太快，而是人们浪费了太多时间。

就像静静淌过的河水，时间也是无声无息地流逝。它不会用严厉的声音呵责懒惰之人奋斗起来，也不会告诫人们应该怎样做才能让人生更有意义。它只是静静的存在着，然后将怎样使用时间的权利交给每个人自行决定。

很多人看似活得很充实、很忙碌，但他们真的做了自己想要做的事情吗？世界上能活成自己想要的样子的人不多，但也不是没有，为什么其中不能有自己？生活中不只有工作，最重要的还有自己的内心世界，那是比物质世界更为丰富的小世界。只有认真对待时间，将每一份每一秒都过成

自己想要的样子，才不辜负自己这一辈子。

采铜老师在他的新书《精进：如何成为一个很厉害的人》里面提出，一件事情应不应该花费时间去做，应该从两个方面来衡量：一是这件事当下给我们带来的收益大小，这个收益可以是身体上的、物质上的，也可以是感情上的、精神上的，叫作"收益值"；二是这个收益随着时间的流逝开始衰减的速度，叫作"收益半衰期"，半衰期越长，对自己的影响力越久。当你判断一件事情是否正确的时候，就可以看它的收益半衰期的长短。

收益值和半衰期就是坐标系上的 X 轴和 Y 轴，一共形成了 4 个象限。采铜老师给每一个象限举了几个例子。

高收益值、长半衰期事件：找到自己的真爱、学会一种有效的思维方法、完成一次印象深刻的旅行、与"大牛"进行一场意味深长的谈话；

高收益值、短半衰期事件：买一件时髦的衣服、玩一下午手机游戏、吃一顿大餐；

低收益值、长半衰期事件：练一小时书法、背诵一首诗、背牢十个单词、看一本经典小说、读懂哲学著作的一个章节、多重复一次技能练习、认真地回复一封友人的邮件；

低收益值、短半衰期事件：挑起或参与一次网络掐架、漫无目的地网上闲逛，以及使用一些社交软件和陌生人进行成功率很低的勾搭。

史铁生在成名之后，一直坚持着创作，尽管身体十分不适，但是他知道时间对于自己意味着什么。他的身体不好，他知道自己活不久，那么只有将活着的每一分钟都抓紧，投身于自己喜爱的文学创作，才能证明自己并没有苟活。于是，在《我与地坛》之后，史铁生虽然已经取得了极大的文学成就，但他仍旧没有放弃奋斗，把自己并不长久的生命活得充实而富有意义。他做的就是高收益值、长半衰期的事情。

大多数人每天的生活都十分平淡。有些人在下班后去商场逛逛，回家后玩游戏、追热播剧，日子便也安稳而过；也有一些人会与"酒肉朋友"聚在一起，在浑浑噩噩中度过一晚。很多人喜欢做这种无意义，但感觉十分愉悦的事情。工作以后，属于我们的时间本就很少，我们应该尽量去做一些具有高收益值的事情，既能充实现在的生活，更能给未来创造价值。

小林和许多上班族一样，兢兢业业地工作，努力完成每一份任务。可是她总感觉工作有些力不从心，有太多自己本来应该掌握的技能却迟迟没有学会。上班后的生活很是忙碌，回到家几乎没有学习的时间，她不禁想念起在校读书的日子。那时候虽然生活简单朴素，可是那时她拥有最宝贵的东西——时间。然而，小林的大学生活过得并不能让自己满意。当时的她缺少明确的方向，学东西总是东一榔头西一棒槌，内心迷茫的时候便更不想读书学习，白白荒废了许多时光。大学生活结束了，她的思想和见识虽有所提升，但是始终没有为自己打造出一种很有竞争力的能力。所以，她走出校门步入社会的时候，没有充分的能力积累为她的工作助力。

年复一年的重复工作渐渐让她对工作失去了热情。既然现状无法改变，她便开始适应小职员的日子。虽然自己被提拔的机会看起来很渺茫，不过她也没有想要再争取一下的动力。她渐渐觉得，做一个小职员也挺好。

后来，她学会了"享受生活"，和同事们一起做指甲，一起烫头发，看上去更像一个"职场丽人"，可是她的内心却早已不似当初那般充实。

五 反省自我，才是对人生负责

如果时间可以倒回,她相信自己一定不会一边怨天尤人,一边浑浑噩噩,而是抓住每分每秒,朝着自己想要的方向努力前行。

"杀死"人们那些抱负的不是时间,而是人们自己把时间过得毫无意义。时间无罪,它只是一位无言的见证者。拥有怎样的生活,主动权在人们自己手中。但愿人们在选择活法时,能够珍惜时间,爱惜生命,抓住每一个值得纪念的瞬间。去做有价值的事情吧,无论它是高收益值,还是低收益值,只要你坚持去做,它们一定会给你的人生带来积累和沉淀。

本节小结

时间从不会告诫人们该怎么做,关键还得看人们怎样去利用它。若一个人能够珍惜时间,那么便如同延长了自己的生命,让自己能够有更多时间去做更多有意义的事。这个人的生命将会因此而变得更加厚重,人生也会因此而变得更加精彩!

少为自己的懒惰找太多借口

生活中常常有这样一些人,一边感慨时光如白驹过隙,红颜流逝不可回,另一边却又大把大把浪费自己的时间,每天躺在沙发上,玩着手机看着电视剧,到了深夜又感慨自己一事无成,抱怨日子过得无聊,没有激情。而这样的生活又在他们的生命中日复一日地重复着。

人们叹惋时光匆匆,不过是对自己浪费时间的一种托词。事实上,一个每时每刻都在奋斗着的人,没有时间用来浪费。

很多人在不去坚持的时候以年龄作为幌子,掩盖自己不够努力的事实,觉得自己年纪已大,已做不成想做的事情了。看看褚时健吧!75岁的老人,尚能白手起家,并成为商业传奇。那么人们有什么理由,整日沉迷于电子游戏和社交软件中;有什么理由把自己的青春浪费在电视剧和发呆中;又有什么理由整天埋怨岁月不饶人,时光太匆匆,而自己却一事无成呢?

其实,那些一边抱怨时光匆匆,一边在不重要的事情上继续浪费生命的人,大部分都是很懒惰的人。说起懒惰,人们并不陌生。惰性是人的本性之一，是心理上的一种厌倦情绪。罗兰在《忙碌与进取》中写道：懒惰是很奇怪的东西，它使你以为那是安逸，是休息，是福气；但实际上它所给你的是无聊，是倦怠，是消沉；它剥夺你对前途的希望，割断你和别人之间的友情，使你心胸日渐狭窄，对人生也越来越怀疑。

与其说通往成功的路上遍布荆棘、艰难险阻，倒不如说是懒惰这块拦路石，使人们走向成功的路变得无比漫长。它仿佛无孔不入，随时准备将人们打败、征服，它不但渗透进人们的梦想与目标，还蚕食人们奋斗的激情和勇气。

如果说懒惰是暴雨，那么借口就是附和着暴雨兴风作浪的狂风。借口不仅制约着人们进取的精神和发展的想法，更让人们在为自己开脱的过程中，渐渐失去了自我反省的能力。借口一旦滋生，就会不断地繁衍，它会促使人们一次次寻找新的借口来掩盖自己不够努力的真相。人们用借口来安慰自己的内心，同时也用借口作为向他人解释的理由。然而谎言重复一千遍即是真理，人们的大脑会逐渐相信这个借口，思维变得倦怠，也并不愿意再去多加思考。于是乎，人们对于成功的渴望与对于梦想的向往都在借口的蚕食之中化为乌有。

你一定听过寒号鸟的故事。寒号鸟计划在冬天到来前垒好温暖的窝，但是天气晴好时，它总是到处玩耍或者睡大觉，并且说"没关系，明天我就出去衔树枝回来垒窝做巢。"可是每天它都有不同的借口来为自己懒惰开脱。一直等到严冬到来，寒号鸟还是没有开始那个所谓的"明天"。最后，它在冷风呼啸中冻死了。

道理其实浅显易懂，可是人们又何尝不像寒号鸟一样一直用"明天"

当作借口来欺骗自己呢？有人背单词背到一半，觉得好困，就先睡一觉，明天再背；有人准备设计方案，刚敲下"标题"这两个字就拿起手机聊天，还美其名曰"在查资料"；有人赌咒发誓这个月要瘦下来5斤，可去了健身房三四天就停下来了，还找借口安慰自己说"什么事都得循序渐进嘛"，然后就再也没去过健身房……

人们总说坚持很难，实际上要做到坚持，首先就要停止为自己的懒惰找借口。很少有勤奋自律的人抱怨天气不好、运气不好、命途多舛、怀才不遇。因为他们拥有明确的目标与持之以恒的意志力，他们把时间都用在对他们来说真正有价值、有意义的事情上，外界的环境根本不足以阻挡他们，所有成功对他们来说并不遥远。

"闻鸡起舞"这个成语来源于古代一个真实的故事。祖逖在青年时期就清楚地认识到以自身的能力是不能够出人头地、报效祖国的。于是他便刻苦钻研知识与历史，还与好友刘琨在每天鸡叫后就起床练剑，从未懒惰。最终他们的坚持也换来了胜利的果实，祖逖成为镇西将军，刘琨做了都督，兼管并、冀、幽三州的军事，二人的文韬武略都得到了施展的舞台。

难道他们得以实现梦想仅仅靠着运气与机遇吗？当然不是！他们没有为懒惰找借口，从根本上拒绝了自己犯懒的机会，反而持之以恒地用功，不畏惧于困难，不臣服于惰性。最终他们都成功实现了别人难以企及的人生目标。看看现代人呢，早晨的闹钟响了很多遍，一直到实在不能再赖在床上了，才懒洋洋地爬起来穿衣洗漱。如果他们也具有"闻鸡起舞"的精神，恐怕现在也早就实现了自己的梦想。

在坚持的路上，拒绝懒惰，拒绝借口就要抵御诱惑，抗拒懈怠。坚持犹如长跑，短期内也不一定能够超越众人，但如果在最难熬的时候坚持一下，而不是滋生想要放弃的念头，并找借口为自己开脱。努力之后即使收获甚微，也能做到问心无愧。通过努力与坚持，而不是懒惰与借口，人们才能更加确信和证明自己的能力，更清楚自己想要过什么样的生活，也离梦想中的目标更近一步。

不是因为希望才去坚持，而是因为坚持之后才能看得见希望，这才是坚持的意义。无论如何，请再坚持一下，那面对困难仍毅然前行的步伐，比为懒惰开脱寻找借口的茫然无措更加有力，也能让你更加靠近成功彼岸！

本节小结

明日复明日，明日何其多。我生待明日，万事成蹉跎。人的一生只有一次，无论曾经多么热闹繁华，最终都将孑然一身面对生命的尽头。区别在于，在那一刻你是否能够做到问心无愧，你是否敢于直面自己的内心，说出："我为我的梦想、我的目标、为我想过的生活而不遗余力地努力过、坚持过，我没有虚度光阴，也没有为自己的懒惰找过借口！"

生活的路上可以抱怨却不可以放弃

豆豆毕业那年听从家里安排，在熟人介绍的地方工作，工资也不低，新环境让她充满期待、跃跃欲试。不曾想，才到公司半日，她就多次跑上跑下，还顺带承包了端茶倒水的工作。没人重视她，她做的都是一些杂活，和所学的专业完全无关，甚至还要看同事的脸色，也没人告诉她该怎么做。一天下来，她就有些吃不消。

回到家，她瘫倒在床上，一动也不想动，就连晚饭也不想吃。回想这一天，她没有接触到真正的工作内容，倒是做了打杂工。因为豆豆学历不高，又是经人介绍才进的公司，一些同事看她的眼光都带着"刺"，扎得人生疼。

母亲打来电话询问，她就把工作上遇到的情况，倒苦水一般地倾诉给了母亲。母亲在电话那头耐心地听着，也没有打断她的抱怨，只是时不时地安慰。豆豆知道自己不该把难过的事讲给母亲听，毕竟是自己不够努力，没有过硬的学历，更没有出众的能力，才在工作中碰壁。

"你要先学会了生存，才能够更好地生活，抱怨过后还要努力工作。

少抱怨一些，多做事。抱怨也是发泄的一种方式，但是，抱怨的次数多了，别人也会远离你。"

豆豆的母亲隔着电话，这样叮嘱自己的女儿。抱怨产生的都是负能量，很容易使人压抑。并不是所有人都愿意听别人的抱怨。

挂了电话后，豆豆看着窗外发呆，街灯早已明亮，霓虹灯让这个世界更灿烂，也不知道人们的生活是不是也能被灯光温暖。人们为了生活奔波，难免在工作、人际关系中受阻，心灵和身体多多少少都会受到创伤。然而，抱怨归抱怨。在一次次抱怨后，豆豆始终没有放弃努力，从最初的打杂到后来的独当一面，豆豆在社会的历练中获得了成长。

工作三年后，豆豆掌握了很多工作技能，回想起当初那个总在抱怨的自己，不禁笑了起来。那时候无非是因为上进心使得豆豆太急功近利，没工作几天就希望领导给自己安排任务，才工作一年就想着升职提拔。可是，任何成绩的积累都需要一个过程。幸好母亲是一个性格温和、看透世事的人，否则还不知豆豆要受自己的负能量多大影响呢！

像豆豆一样，遇到事情第一时间就开始抱怨的人不在少数。人们或许只是想要通过倾诉来宣泄不满，但是，抱怨其实是对于突如其来的变化和挑战感到无能为力，从而通过发泄来排解内心的消极情绪，并期望能够从他人的建议中获得对自己的指导，避免走弯路。

生活中有各条道路，但都不可能"鱼与熊掌兼得"。抱怨实际上并没有实质性的作用。人们在感到不痛快的时候抱怨两句本也无可厚非，但是若一个人总是充满了抱怨，就会被自己的负能量所束缚，自己挣脱不了，甚至还会影响他人。

酸甜苦辣咸拼凑了生活的味道，缺少了哪种都是不完整的。生活里偶尔的抱怨就好比加了一点不同的味道，让人们能够感受生活中的"烟火气"。只是，在抱怨之后人们应该怎么走下去呢？是继续抱怨，还是试图改变？

即使非常坚强的人，也可能会在坚持的路上想过放弃，但想法归想法，真正懂得坚持之道的人一定是那个最懂得"休息"的人。他们看似不太努力，甚至会对坚持的事情发出抱怨，但是他们内心其实有着坚定的目标。为了那个目标他们愿意付出努力，在累了的时候，偶尔抱怨两句，就当是给平淡的生活找点乐趣。

最可怕的不是抱怨，而是抱怨之后没有将自己的情绪消化掉，然后继续积累着下一次的抱怨。如此在抱怨中度日，实在很难获得成长。人们若想在历练中让自己变得更加强大，就需要在抱怨之后多一些思考，多一份坚持，继续行走在逐梦的路上！

本节小结

生活的路上可以抱怨，但是不可以放弃。抱怨就好比泄洪口，能够将人们积压在心中的不满和怨气释放出去，从而减轻人们的压力。但是抱怨之后，人们就要以更好的精神面貌去迎接下一次的挑战。

坚持，一种可以养成的习惯

当一件事哪天没有做的时候，你会感到心里空落落的，急切地想要去完成它，那么你对这件事的坚持便已经成了习惯。当坚持成了一种习惯，便融入了你的生活中，你甚至难以轻易地感受到它的存在。这种习惯不甚特殊，却又与众不同。

养成好习惯,你觉得很难吗

习惯之于人,就好比发条之于钟表,发动机之于汽车。因为有了发条,钟表的转动才一时不停;因为有了发动机,汽车的运行才流畅自然;而正是因为有了习惯,人们在坚持的道路上才能水到渠成。

心理学家威廉·詹姆士曾经说过,"播下一个行动,收获一种习惯,播下一种习惯,收获一种性格,播下一种性格,收获一种命运"。足以见得好习惯的养成,对于一个人的命运有着至关重要的影响。

习惯有好坏之分,好的习惯,就如同阳光雨露,能够滋润人们的心房,让人获得积极的、向上的力量。一个有好习惯的人,一定在他所坚持的方面具备良好的修养。而如果一个人不小心养成了坏习惯,坏习惯就像藤蔓一样爬满人的思想,让人在不知不觉间堕落,遇事容易出差错,时间一长,还会对人造成极坏的影响。

既然习惯的养成对于一个人如此重要,为什么总有人无法坚持好习惯,却很容易沾染坏习惯呢?那是因为所有的好习惯都是要通过与人性的弱点不断斗争才能养成,而坏习惯只需要对人性的弱点顺水推舟就能达成。与自己的本性斗争是很辛苦的，因此很多人虽然知道好习惯十分重要，但真正要养成一个好习惯却还是十分困难。

其实，良好习惯的养成，并没有想象中那么难。习惯并不是一朝一夕就能养成的，而一旦形成了一种习惯，这种习惯便会相伴人们很长的时间，并且对人产生潜移默化的作用。因此在人生的道路上，人们想要养成好习惯，就应该在确立前行目标的同时，坚持不懈、奋力拼搏，从小事做起，与自己的人性弱点做斗争，让自己慢慢变得更加强大。

想要养成好习惯，需要下定决心。决心就好比一颗饱满的种子，一旦种在人们心中，便能茁壮成长，让人们在遇到荆棘阻挠的时候，能够以千百倍的勇气和毅力继续前行，最终战胜困难，实现人生价值。

李宁是世界上非常有名的体育健将，但他最开始只是一个普通的体操运动员。同其他运动员相比，他有个好习惯，那就是每天都能督促自己比别人多训练几个小时，而且每次都会给自己定一个比较有难度的动作，一点点练习，一点点突破。他每天坚持多练习几个小时的好习惯，最终达到了质变，成就了他在奥运会上的多枚金牌，为国争光。

或许不是所有的人都有很大的人生抱负，但是即使没有立志做一番大事，也没有奢望要建功立业，只是想要一份好的事业，想要不留遗憾的人生，或者是理想的生活，人们也同样需要好习惯的帮助。好习惯具有润物细无声的作用，看似不起眼，却能在悄无声息之中，影响一个人的一生。

鲁迅先生的成功和自身良好的小习惯是分不开的。年少的时候，他对于书就极为爱惜，看书之前，会先洗干净自己的手，如果发现书本出现污渍和破损，他就会立刻认真地进行清洁和修补工作。除了对于书本纸张的热爱，他对于书本里所蕴含的知识，更是达到了如痴如狂的地步。鲁迅先生一生笔耕不辍，在日常学习和体验的过程之中，不断形成更多的好习惯，才会慢慢走上文学殿堂之路。

《荀子》有云："积行成习，积习成性，积性成命。"一个人日常的种种行为，决定了他的习惯，习惯又能决定一个人的性格，而性格恰恰能够决定一个人的命运。好的习惯，才是打开通往成功之门的钥匙。只要肯付出，任何人都有机会获取这把珍贵的钥匙。

罗马并非一天建成，人们想要成功，坚持不懈的精神是必不可少的。同时，在前行的道路上，人们还要注意确立正确的人生大方向，保证不跑偏，注重提高个人的良好修养，不断培养良好的小习惯。人们若能坚持不断地提升自己，将自身变得越来越好，那么人们未来的路也会越来越开阔。

本节小结

养成良好的习惯，并不是一朝一夕就能完成的事情。但是只要人们敢于正视自身的不足，勇于改变，并且能够结合自身情况，列出详细的计划，并长久地坚持下去。时间长了之后，人们自然能够尝到成功的甜头。

将好习惯融入生活点滴

俗话说:"细节决定成败。"生活中的小事体现着人们的习惯修养。将好的习惯融入生活小事,能够让人在不知不觉中变成自己想要成为的人。

作为中国近代杰出戏曲艺术大师,梅兰芳受到许多人的尊敬和喜爱。而他的成功与好习惯有着密不可分的关系。

在他拜师的时候,师父看了一眼后说他的眼睛没神儿,认为他不是学京剧的料。但他心中十分坚定,非要学习京剧不可。于是,为了让自己的眼睛变得更加有神,他开始进行眼球的练习。凝视飞翔的鸽子,紧盯水中的鱼儿,这些行为成了他的日常活动,融入他的生活之中,渐渐地,他的眼睛变得灵动起来。人们都说梅兰芳的眼睛会说话,可是又有多少人知道梅兰芳背后的勤学苦练和坚持。

托尔斯泰是伟大的文学家,他的许多作品流传后世,被人们称之为"天才艺术家"。他的文学作品触动人心,他之所以能够拥有如此的笔触,正是因为他有一个好的习惯,那就是坚持每天记日记。日记里不仅记录了他每天的心绪，更重要的是记录了他对于生活的观察和阅读的思考，为他的创作带来了大量的素材，也为他日后的写作奠定了基础。

许多伟大之人之所以伟大，并不是他们有过人天赋，而是他们懂得坚持一个好习惯。如果仅凭天赋，或许有些人最开始能独占鳌头，可越到后来，坚持的力量也就越凸显。能够坚持下来的人，绝非平庸之人。

"勿以恶小而为之，勿以善小而不为"。很多时候不经意的行为日积月累，可能就会对以后的发展产生极大的影响。生活中就有很多这样的例子。

铁松是一名大学生，他平时学习十分刻苦，为人也很真诚善良，但就是有一个不好的习惯，那就是在和朋友说话时，喜欢夹杂一些侮辱性的词。在他看来，那是向好兄弟表示亲近的意思，而那些被他"骂"的朋友们虽然刚开始特别难受，但大家都知道他并无恶意，后来也渐渐习惯了他的这种行为。

在一次班级发言时，一道难题将他难住了，铁松一时着急，竟然脱口而出一句脏话，引得同学们哈哈大笑，老师也是一脸尴尬。铁松怎么也想不到自己会这样口无遮拦，他以为自己可以很好地把握言语，不会在正式场合说出这种话。殊不知习惯的力量是强大的，它改变着人们，甚至在人们毫不察觉的时候就成了它的俘虏。

1978年，75位诺贝尔奖获得者齐聚巴黎。记者问他们："你们在哪里学到了自己认为最重要的东西？"一位白发苍苍的学者的回答出人意料："在幼儿园。"记者又问："在幼儿园您学到了什么？"学者回答："比如，把自己的东西分一半给小伙伴们；不是自己的东西不要拿；东西要放整齐；饭前要洗手；午饭后要休息；做了错事要表示歉意；自己的事情自己做；学习要多思考，要仔细观察大自然。我认为，我学到的全部东西就是这些。"科学家们都表示同意，他们普遍认为在日常小事中养成的良好习惯让他们终身受益。

坏的习惯让人堕落，好的习惯催人奋进。马克思曾说过："良好的习惯是一辆舒适的四驾马车，坐上它，就跑得更快。"这就形象地告诉人们，要想在事业上取得成功，就必须有好的习惯，它能使人更快地到达目标，更好地实现理想。

成功的人似乎永远在成功，而失败的人似乎永远在失败。这是什么原因呢？有位社会心理学家就此分析说："没有别的，习惯两个字在起作用。一个人习惯于每天晨跑，他就会几十年如一日地跑；一个人习惯于懒惰，他就会无事可做地四处瞎溜达；一个人习惯于勤奋，他就会克服一切困难，从而所向披靡。成功也是一样。"

成功是一种习惯。对于一个成功者来说，就是培养了一种永远追求成功的习惯。做小事也要争第一，做最好。第一个起床、第一个吃完饭、第一个到学校、第一个到公司，学习成绩第一、工作业绩第一，等等，久而久之无疑就养成了不断激励自己的习惯，这也就是给自己一个成功的习惯。

而失败者则养成了坏的习惯。一个人若总是在感到艰难的时候放弃，那么他将会习惯性放弃，于是，一旦遇到一点困难就无法克服，最终变得一事无成。或许他们缺少的不是聪明才智，而是一份坚持的信念和面对苦难决不言弃的精神。

成功者的好习惯，大多数人不是不理解它的好处，而是没有人愿意坚持养成这些习惯,因为一个好习惯的养成需要巨大的毅力。但如果一个人在坚持的时候能够下定决心,与好习惯为友,那么他便能够在奔向梦想的路上,坐上四驾马车,达到事半功倍的效果。

本节小结

将好习惯融入生活点滴,从小养成好习惯并且坚持下去。这不仅是个人道德修养的体现,更是开启成功大门的钥匙。坚持与好习惯本就相依相生。人们一旦拥有了好习惯和坚持,便会在不知不觉中到达内心向往之地。

失败不可怕，积习难返最可怕

萧炎在创业之初，父亲时常劝他到自己公司任职，以后可以直接继承父亲的事业。但萧炎怀着一份决心，一定要自己闯出一片天地。作为"富二代"的萧炎并没有坐享其成，而是努力提升自己，希望自己能够像父亲那样，拥有一份自己的事业。

可是，创业之路并没有萧炎想得那么轻松。在运营的过程中，萧炎公司的资金链条被投资方中断，整个公司陷入了困境。萧炎为此十分苦恼，他资历尚浅，面对投资方的强硬手段毫无招架之力，看着员工们无精打采、失去干劲的样子，他心里既觉得愧疚，又责怪自己能力太差。

这时，萧炎的父亲带着救急的资金来了。父亲不忍心儿子受到这样的煎熬，于是伸出了援手。萧炎本不想要父亲的钱，但是员工的工资马上就要发不出了。在和父亲商量好以后盈利了就把这笔钱还给父亲之后，他接受了这笔"投资"。

经过一段时间的奋战，萧炎公司的产品终于快要推向市场了。然而在这个节骨眼儿上，却有一大批产品被查出质量不合格。合作方一怒之下，终止了合作，留下一堆质量并不过关的产品。萧炎并不想将不合格的产品卖出去，因为这些产品无论在哪里，都有可能带来隐患。可是公司早已将资金投入到这些产品中。如今面对这些残次品，萧炎感到压力重重，再次陷入了巨大的焦虑之中。

失眠的夜里，萧炎想到了父亲，上一次公司遇到困难便是父亲为自己送来资金解围，如今自己再一次陷入困境，去找父亲周转一点资金也并不是什么大不了的事。父亲就这样再次成为萧炎的依赖。虽然萧炎名为创业，而实际上是将父亲的钱一次又一次投进了水中，虽然掀起一点波澜，但终究没能翻滚起"浪花"。

父亲再一次与萧炎促膝长谈，仍旧希望萧炎能够来自己公司学习管理，不要总想着自己创业。因为事实摆在面前，萧炎虽然在创业过程中学习到了一点经验，但是公司并没有什么实际收益，还给自己和父母的家庭带来了一些负担。萧炎十分不喜欢父亲公司的环境，但是经历着这么多事，他明白自己的确是资历尚浅，而且在管理方面还有太多的东西要学。如果他能在父亲的公司虚心学习几年，认识一些行业内的前辈，肯定对以后的发展也有好处。

于是，萧炎听从了父亲的建议，回去解散了自己的公司。员工们在被遣散时都带着沮丧的表情，一些人私下议论萧炎，说他根本不是做生意的料，也不会当领导，他们认为萧炎太害怕失败了，只能按照父亲的规划走下去。

其实，萧炎想的是另外一回事。论实际能力，自己现在确实达不到可以管理好公司的水平。如果硬要继续下去，不仅是对自己和父母的家庭的不负责，更是对员工前程的不负责。创业失败并不可怕，最可怕的是明明知道自己并没有能力在创业这条路上走下去，还为了面子或者其他东西而硬撑下去，那样将会导致更加无法挽回的局面。

很多人在坚持的路上，总是失败，一次一次开始，又一次一次结束，实在让人可惜。实际上，失败并不可怕，可是习惯性失败也是需要让人提高警惕的事情。如果一个人总在失败，那么他便有必要反思一下，究竟是什么原因导致自己失败的，而为了不再失败，自己到底需要改变些什么。

历史上许多"二代"之所以无法站在父辈的基业上更进一步，甚至让家族陷入恐慌和失败，正是因为他们人格上存在许多问题，而那些问题都是在日常生活中逐渐习得的。一个坏习惯不仅可以让人堕入黑暗，甚至会影响到整个家族的命运。

美国一位哲学家曾说："失败是一种教育，知道什么叫'思考'的人，不管他是成功或失败，都能学到很多东西。"失败并不看可怕，只要将失败看作是一次教训，并从教训中吸取经验，为今后的事业打下基础，失败的土壤里也可以开出娇艳的花朵。可是如果一个人不善于思考，更不愿意改变，那么他的坏习惯很有可能会将他拽入无边的深渊。

人们在坚持的路上，可以失败，因为探索本就是一个不断试错，然后证明真理的过程。但是如果一个人习惯性失败，那么就应该考虑一下，是否因为自身沾染了不好的习惯，才让成功离自己渐行渐远呢？

失败是人生不可避免的功课。可怕的是，很多人总是习惯性地与失败相处，并在自我安慰与放纵中原谅了自己，从而失去了上进之心。其实，每一次总结失败之后，人们都会迎来一次新生，为今后的人生积淀经验。

本节小结

好的习惯可以成就一个人，坏的习惯可以摧毁一个人，在坚持这条路上，从来没有捷径可以选，只有在日复一日的量变中养成好习惯，才会在自然而然中走向质变，收获成功。失败不可怕，积习难返才可怕。但愿每一个人都能摆脱内心的软弱、懒惰、依赖、贪欲，变得更加强大和优秀！

打败你的往往是小细节

天底下的大事，必定是从细微之处做起。泰山不拒微壤，才能够成就高耸威严；海洋不择细流，才能够成就波澜壮阔。同样，人的成功也绝不是一蹴而就的事情，而是从一厘一毫的细微之处积累而成的，细节决定着一个人的成败。

世界上没有无缘无故的成功，你想要脱颖而出，成为他人眼中的佼佼者，就必须付出超出常人的努力，切勿眼高手低，好高骛远。凡事都要从点滴之处开始积累，集腋成裘、积羽沉舟，讲的正是这个道理。而伟大的事业更是需要从细节着手。空有壮志冲天的理想，每日只知空想，却不能脚踏实地地逐步累积，成功于你而言，永远都是镜中之花，水中之月。

经历过考试的人，都会有相似的感受，那就是当自己以为可以得到满分的时候，总会存在一些失误，要么是将题目看错，要么是将数字写错，因此，当期待的分数公布的时候，都会因为自己的失误而悔恨不已。事实上，人生就如同一张考卷，人们用行动在"考卷"中填写自己的答案，面对自己顺手的"题目"时往往会因为过于欣喜而忽略了细节，最终在本应该收获成绩的地方"阴沟翻船"。所以小细节关乎着大成败,人们应把关注点放在日常的小习惯上面。正是生活中的每一个不起眼的小细节,决定了人们生命的长度和宽度。

很多人在坚持去做一件事的时候,目标坚定,也有很充足的精力和强大的毅力,可是却缺乏细致入微的求真精神,做事往往不拘小节,因此常常在失败的时候感慨:"我明明已经很努力了,也一直在坚持,为什么就不能成功呢?"其实在小事上失误,也很有可能导致整个事情的失败。千里之堤,溃于蚁穴。细节之处最见功夫,人们败在细节的例子数不胜数。

在电视剧《裸婚时代》里,有一句经典台词"打败爱情的是细节"。一段好的婚姻需要双方共同去经营,如果两个人都能够为着共同的愿景而努力固然能够夫妻同心,其利断金。可是世事难料,无论是多么般配的夫妻,无论双方在一起的愿望多么强烈,也会因为生活习惯或观念上的细节问题而诱发家庭矛盾。不是双方不够相爱,在细节上积累的忽略,也可能导致婚姻的溃败。坚持重要,但在坚持中好好对待每一个细节的重要性也是不言而喻的。

做事粗枝大叶,疏忽细节的人,必然会尝到失败的苦果。一件事情已经成功了百分之九十九,但就是疏漏了百分之一,成功也会转化成为失败。这就是生活,这也是现实。

三国鼎立之时,蜀国的姜维忽视阴平小路的防守,一手将诸葛亮苦心经营起来的蜀国,推向了覆灭之地。哥伦比亚号航天飞机是美国第一架正式服役的航天飞机,但是就因为一个掉落的小碎片,最后竟导致了爆炸坠毁的人间惨剧。

这两个活生生的例子，都给世人留下了血淋淋的教训，告诉人们细节是最为重要的一环。历史就像是一面明亮的镜子，为人们映射出无数的前车之鉴。想要获取成功，只靠幻想是不可行的，一个人哪怕是拥有超乎寻常之人的智慧，不注重细节，没有良好的习惯，不付出行动和努力，他的这些大智慧也发挥不出它的价值。

用一生的时间，专注做一件事情，任何细微之处都不放过，试问世人能够做到的又有几个呢？若能够坚持下来，这人也必然会成为芸芸众生仰望的大师级人物。学会关注小细节可能将你推向成功之路，决定你的人生究竟是黯淡无光的黑白色，还是绚烂多彩的五彩之色。在坚持的过程中想要培养注重细节的习惯，其实只需要人们多一点思考，多一份细心。

一花一世界，一树一菩提。大千世界的万事万物，原本就是由细微之处构成的，然而这些小细节又往往是最容易被人们所忽略掉的。毅力和耐心固然重要，如若人们能养成注重细节的好习惯，必将在坚持这条路上达到事半功倍的效果。

本节小结

一个人的能力以及品行，往往并不是表现在那些引起他人注意的大事上，而是在他日常点滴的行为举止之中。任何一个想要通过自己的努力，做出一番大事业的人，都应努力养成良好的行为习惯，从生活中一点一滴的小事着手努力。终有一天，你会获得你想要的一切。

当坚持成为一种习惯，一切都变得自然而然

人们的生活处处离不开坚持，虽然有时没有刻意为之，但是坚持早已与之紧密相连。在身体不适时坚持上学，在天气不好时坚持锻炼，在加班加点之中坚持工作。

坚持并没有那么难，难的是如何把坚持的事情变成喜欢的，乐意去做的。当一件事哪天没有做的时候，你感到心里空落落的，急切地想要去完成它，那么你对这件事的坚持便已经成了习惯。

当坚持成了一种习惯，便融入了你的生活中，你甚至难以轻易地感受到它的存在，这就是习惯。这种习惯不甚特殊，却又与众不同。一个好的习惯需要坚持下来才能养成，而一种坚持如已渗入生命便也成了一种习惯，或许习惯和坚持本就是一对孪生兄弟。

在坚持的路上，古往今来有很多人竖起了标杆。人们常羡慕舞台上舞者的光鲜亮丽，但他们背后的努力也是常人难以想象的，只有几十年如一日的坚持才能成就那样卓越的风采。俗话说"台上一分钟，台下十年功"，人的成功是很难一蹴而就、一帆风顺的。有一位从深山里走出来的舞蹈家

将舞蹈融入了自己的生命，她便是能用肢体说话的女人——杨丽萍。

杨丽萍擅长跳孔雀舞，她在舞台之上宛如一只蹁跹的孔雀。她的《雀之灵》《两棵树》在社会上的影响极大，但她却没有沉浸在过去的成就之中，而是继续创作了《云南映象》，让原生态歌舞成为舞台热潮。为了在舞台上展现出最优美的姿势，她从不粘贴假指甲，因为这样会让手指舞动极不自然。因为要保持理想的身形，她的每顿饭菜都会精心搭配，必要时候还会节食。或许她所做的一切，换成其他人坚持几天、几个星期并不算什么，但要像她一样，常年把每一件小事都在日常生活中严格坚守却是常人难及。而她做这些的原因，不过只是简单的一句："有谁想要看一只胖孔雀跳舞呢？"她绝不让自己变胖，她认为想要跳得像孔雀，就必须像孔雀一样体态轻盈。

杨丽萍有一句名言："别人是跳舞的，而我是跳命的。"为了编排《云南映象》，创作出她心中完美的舞蹈，她坚持走遍云南采风。正因为在追求梦想的路上，严格要求自己达到完美，她对舞蹈的严苛已经融入她的骨血中。在她看来，这并不是常人眼中看到的磨难，而是她人生的一部分，是她舞蹈中的不可或缺的一种习惯而已。

很多人之所以无法坚持，是因为坚持需要超人的毅力，需要恒定的决心。如果人们去看看那些坚持下来的人，就会发现，即便他们每天做着同样的一件事也不会觉得苦闷，反而能苦中作乐，甘之如饴。他们在坚持的过程中，养成了良好的习惯。习惯的本质是一种强大的惯性，而在这种惯性中，他们从原来自己不喜欢的事情中找到了乐趣，逐渐沉浸在自己的世界里，钻研、琢磨。当一个人的坚持达到了这种状态，那么他就距离实现自己的目标不远了。

或许很多人都知道《罗辑思维》，那是由"罗胖"罗振宇主持的知识性视频脱口秀。每天早晨6点，罗振宇就会在他同名微信公众账号上发一条自己的60秒语音，几年如一日，每天都十分准时，而且每一条都不多不少恰好60秒。因此，许多关注罗振宇的人都会守着早晨6点，去评论点赞。这一路走来，坚持每天的60秒语音早已成了罗振宇的标志性项目。从2012年开播至今，《罗辑思维》视频脱口秀已积累播出了几百集，在优酷、喜马拉雅等平台播放超过10亿人次，在互联网经济、创业创新、社会历史等领域制造了大量现象级话题。

人生犹如一杯浓茶，初尝苦涩，后品芳香；又似一座高峰，先是平凡，再是奇观。只有坚持，才能领悟；只有坚持，方感不凡。就像在一堆钥匙中要找出正确的那一把来开门时，往往最后的那一把才是人们需要的。若有人因不耐烦而在坚持的途中放弃，当然也就难以得到想要的结果。

悠悠岁月，时过境迁，坚持都是人们心中亘古不变的主题。坚持说易，做来不易，凡是能坚持下来的人比其他人都要有着非凡的毅力。人们佩服他们的毅力，因为他们在日复一日中已经把所坚持之事当作生活必需，已经把坚持融入生活，形成了习惯。

没人能强迫一个人长时间做一件他不愿意的事情，但习惯可以。习惯是说舍难舍，说放难放的东西。养成一个好的习惯需要的就是坚持。一尘一土筑高台，百水千滴汇成河。凡事需坚持，当坚持成习惯，所做的一切都是自然而然，都是信手拈来。

本节小结

想要将不想、不行、不易之事日复一日、年复一年地坚持下来,最好的办法就是把它融入生活中去,变成人们生活中一个小小的、不易察觉的习惯。试想,你会告诉别人说,你每天坚持吃饭,坚持睡觉吗?当坚持成了生活中的必备之事,那么一切坚持都不是压迫人们的庞然大物,而是贯穿于生活的涓涓细流。

今天的好习惯让你轻松实现明天的大计划

新东方创始人俞敏洪曾经说过,倘若一个人想要自身获得成功,或者是拥有充实的生活,就必须养成好的习惯,好习惯还要能够不断地进行强化,长此以往,才能够成为无意识的行为,从而让人们自觉遵守。

大部分人都墨守成规地按照自身的生活方式和习惯,匆忙地行进在路上。人们如果想要做出改变,靠他人的劝说收效甚微,只能从自身做起,当人们内心深处有着强烈想要改变的欲望,才会自觉改变。

一个人无论做什么事情,都会在潜移默化之中形成习惯,习惯有好的,也有坏的。一个好习惯可以让人们每走一步都是朝着目标前行;一个坏习惯却可以使人陷入泥沼举步维艰。无论是好习惯,还是坏习惯,一旦养成,就会对人的一生产生深刻的影响。习惯会体现在生活的点滴之中,会让人在不经意间做出某些出于习惯和惯性思维的决定。习惯一旦养成,想要改变就没有那么容易了。好习惯的养成固然能够让人欣慰,但是坏习惯养成之后,再想要改掉,就需要付出更多的努力。

有一个故事,讲的是一个穷人,在一次偶然的机会中,得知了点石成金的秘密。秘密就是：有一块位于黑海边的小石头，它的外观和普通石头没有任何区别，可是它摸起来是温热的，这块神奇的石头有着独特的魔力，能够把所有普通的金属变成黄金。

这个穷人欣喜若狂，立即变卖家当，来到黑海边。每当夜深人静的时候，他便整夜在黑海岸边不辞劳苦地寻找这块石头。

可是海边的石头那么多，他无法判断哪一块石头是自己触摸过的，这无疑增加了筛选难度。于是他想出了一个办法，每当他摸完一块石头，如果是冰冷的，就将它扔进海里。如此一来，当海边的石头越来越少时，他就有更大的概率找到那块试金石了。于是，他在海边夜复一夜地捡着石头，然后又将它们一块一块扔进大海里。年复一年，他每天都重复着捡石头以及扔石头的工作。

直到有一天，他捡到一块石头。由于这么多年，他将石头扔进海里的动作已经成了习惯，所以他还没来得及反应，就已经将这块石头也扔进了海里。在石头脱手的一刹那，他才意识到，这块石头是有温度的，那正是他想要寻找的试金石啊！这个穷人悔恨不已，但是试金石早已石沉大海，再也找不到了。

故事讲述了习惯对于人们深刻的影响。习惯只要养成，甚至不需要再经过人的意识，就会很自然、很轻易地指引着人们做出下一步动作。这个故事所表现出来的寓意很值得人们去反省。这个穷人为了寻找这块石头，花费了大半辈子的时间，但是就因为一个小小的习惯，使得他前功尽弃，枉费了几年的心血，最后什么也没得到。

好习惯和坏习惯对于人生的影响有着天壤之别。巴尔扎克曾经说过，想要断送掉一个人的前途，其实是非常简单的，只要让他染上一种不良的嗜好，他很快便会堕落消沉、一蹶不振。

或许第一次吸食毒品的人只是出于好奇，或者是禁不住周围人的劝说，也可能是高估了自己的自制力，于是吸了一口后就无法自拔地被毒品所俘虏；或许第一次走上赌场的人只是想体验一下赌博的快感，并下定决心只玩一次，可是一旦他们从中得利，就会想再玩第二次。一个坏习惯的养成往往是从一个细小的动作或是一种微弱的心理活动开始的。人们即使很难坚持养成好习惯，也一定不要养成坏习惯，事实上，坚持和坏习惯做抗争也是一种好习惯。

很多人一旦意识到好习惯的重要性之后，便会急于想知道，究竟怎样才能够改掉自身的坏习惯，逐渐养成好习惯呢？习惯是一个人最难改变的，想要彻底摒弃坏习惯，将是一个漫长而艰苦的过程，短时间内是不会取得很大成果的。但是只要人们坚定信念，逐渐改变以往的想法和态度，对自己不迁就、不开脱、不骄纵，在改善局部的过程中，总有一天，你会发现，你的整体已经全部改变，焕然一新了。

本节小结

无论是起点低，还是过程难，只要人们能够确定好目标，把握住人生的大方向，就可以在逐梦的过程之中，不断审视自己，从养成良好的小习惯做起，比如小到每天早起十分钟，多看十个单词，简单做半个小时的运动，等等。或许良好的小习惯，在短时间内并不能给一个人的生活带来巨大的变化。但是只要坚持下去，日复一日地重复下去，终有一天，能坚持培养好习惯的人总会尝到甜头，实现自己人生的大计划、大梦想！

长年的好习惯浇灌出良好的修养

如果一个人把坚持养成了习惯，那么坚持就是一件水到渠成、自然而然的事情。良好的习惯就像是人们身体中流淌的血液，它无声无息却影响着人们的许多行为，而一个人是否有着良好的修养，也会在习惯所带的气质中显露出来。

良好修养的重要性自是不用赘言，《大学》中就写道："自天子以至于庶人，壹是皆以修身为本。其本乱而未治者，否矣。其所厚者薄，而其所薄者厚，未之有也。"这句话讲的意思是，无论是帝王天子，还是普通百姓，每个人都需要将修身养性作为自己的根本。如果打乱了这个根本，那么想要治理好一个国家，或是管理好一个家庭都是不可能的。而做事情舍本逐末，不分轻重同样也是不可能将事情做好的。

撒切尔夫人是英国第 49 任首相，也是英国的第一位女首相。人们常常所说的"撒切尔主义"也是她所提出的政治、哲学主张。苏联媒体曾经给了她一个称号，叫作"铁娘子"，是因为在她的领导下，英国的社会、经济、文化都呈现出了欣欣向荣的景象。她所获得的成就是举世瞩目的，而成就背后与她从小就养成的良好习惯是分不开的。

在上小学的时候，撒切尔夫人就和其他的小朋友不一样，当其他人都在玩耍的时候，她却在看书。撒切尔夫人的父亲十分注重孩子的教育，他也有一套自己的教育方法。他十分注意培养女儿养成热爱读书和善于思考的好习惯，并且将自己的人生经历和知识都毫无保留地教给了女儿。父亲教育她说："绝不要去做或想那些平常的事情，因为人们早已经做过了。打定主意做你自己想要做的事，并设法说服人们遵循你的方式。"

这些好的思维方式就这样在她的心中扎下了根，并且在她初中的时候开始逐渐抽枝发芽。那时她常常语出惊人，很快就在众人之中脱颖而出。在一次讲演过程中，有一位演讲者对当时世界面临的问题提出了自己的观点。就在大家都对他深信不疑并为之钦佩的时候，撒切尔夫人站了起来，提出了自己的疑问。那些问题让人很难相信是从一个小姑娘的头脑中想出来的。

正是因为从小已经养成的思维习惯，撒切尔夫人总是能在众多观点中提出自己独特的观点，找到看待问题的新颖入口。正是因为这样，她对演讲有着特别的爱好。为了让自己的口才得到进一步的提升，她还参加了辩论队。这些经历加上她从小养成的好习惯，对她今后的成功有着深远的影响。

从小对演讲的喜爱，加上她长久以来培养的思维习惯，使得她长大以后依旧能够以独到的眼光看待问题。在作为在野党影子内阁人士时，为了反驳对手，她积累了大量数据与信息，以无法反驳的语言击败对手；在竞选时期，她起早贪黑进行全国演讲。她出色的表现，获得了很多人的喜爱，这为她之后成功地登上首相之位奠定了基础。

如果撒切尔夫人没有从小养成独特的思维习惯，就不会进入辩论队，更不会成为人人称道的"铁娘子"。她早已将思考变成了生活中必不可少的功课，在别具一格的思维方式里找到了属于自己的乐趣。而撒切尔夫人身上那种端庄大方的气质，也是她一直以来所学习的知识和坚持的思维习惯的一种体现。

良好修养是显露在小事中的珍珠，可以让人瞬间变得璀璨。有一位失业者在经历又一次面试失败之后正神情颓废地等待着公交车，突然他看到一旁的女士提着大箱子，行走起来十分艰难，于是他不假思索地上前去帮忙。在谈话间他才得知，原来这位女士正是一位公司董事，最后他被女士所在的公司录用。助人为乐，是个人修养的体现，若已养成助人为乐的习惯足以见得一个人的善良内心。反之，如果这位失业者在遇到女士时毫无同情心，那么即使他穿得西装革履，也会因为自己的冷漠而失去一个好的机会。

人们去做善事并不是怀着功利之心去做的。古人说："君子不可不修身。"又说："正心以为本，修身以为基。"一个人提升自我的道德修养能为了自己在生活中增加魅力；良好的道德修养是立身之本，而拥有良好的、高尚的道德修养，能够让人变得更加温柔谦逊，从而有更大的可能会收获意想不到的机会。

良好的道德修养也可能成为通往成功的阶梯。但修养并非人们天生就具备的。一个人或许曾经不具备良好修养与气质，但是通过后天的学习与培养，也是可以习得的。英国首相丘吉尔第一次去面试时就因与他人起了冲突而被人赶出办公室。然而，在丘吉尔当上英国首相之后，他的魄力和修养获得了许多人的喜欢。

当世界进入知识经济时代，经济全球化使竞争更为激烈，经济的竞争、政治的竞争、科技的竞争，实质上都是人才素质的竞争，而思想道德则是人才的基本素质之一。修养是提高思想道德素质的重要途径，一个人如果具有良好修养，无论是对个人，还是对社会都有着巨大的作用和意义。

本节小结

良好的道德修养来源于良好的生活习惯。好的习惯是良好修养的催化剂，能够让人们在坚持中逐渐拥有更加富有魅力的人格，能够让人们在举手投足间更加显露气质。而一个温文尔雅之人，也必将因为自己的修养而获得这个世界的温柔以待。

在历史烟云中追寻坚毅的理由

大多数历史上的成功者,都是从点滴做起,从眼前的小事做起,日复一日,年复一年,不会因为枯燥乏味,抑或是艰难困苦,而产生丝毫放弃的念头。把简单的事情做到不简单,由小至大,聚沙成塔,才逐渐将自己变得强大起来。

王羲之：一方"墨池"成就千年"书圣"

许多伟大之人之所以被载入史册，成为后世瞻仰的明星，正是因为其在追求梦想的道路上勇敢顽强，坚持不懈。他们敢于树立远大的目标，更敢于挑战通往目标道路上的艰难险阻，敢于在风浪之中乘风破浪，更敢于在荆棘丛中披荆斩棘。

王羲之就是这样一个人。他是东晋时期非常著名的书法家，被后世之人称为"书圣"，其书法集各家之所长，然而又摒弃了汉魏的笔风，创立了自己独特的风格。其风格自然且平和，含蓄且委婉，同时兼具秀美和健秀的独特气息。他的书法作品更是如行云流水，为人称道，其中名扬海内外的《兰亭序》更是被称为"天下第一行书"，足以看出王羲之在书法界占据着非常重要的地位，对后世亦影响深远。

后世之人将他视为"书圣"，许多爱好书法的人更是狂热追捧他的书法作品。即使在他所生活的年代，其书法作品也可谓一字难求。然而他能有所成就，除有过人的天赋外，与他坚持不懈地勤奋努力也是密不可分的。

7岁那年，王羲之便开始练习书法。他对于书法有着极大的兴趣。17

岁那年，他便偷偷将家中所珍藏的前代大家的书法作品拿来观摩，出于对前世大师的敬仰，他开始临摹大师的风格。

临摹是一个需要极大耐心的过程，可他一点也不觉得枯燥，反而在临摹中感到意趣丛生。他每天在自家的池塘边练字，练完字之后，就顺势在池水里涮洗毛笔。日复一日，年复一年，当清晨的阳光洒在池水中，他早已开始练字，当夕阳的余晖留下他的剪影，他仍沉浸在文字的奇幻世界里。不知研掉了多少墨锭，用坏了多少毛笔，世人只见他家的池塘，已经从一湾清水变成了黑色，那正是因为他每日洗笔所致。现如今在浙江绍兴，有一方"墨池"，传说便是王羲之当年洗毛笔的地方。

细细想来，能将一汪池水都洗成黑色，这种刻苦劲儿，能够做到的人，恐怕寥寥无几。如果没有发自内心的热爱和持之以恒的坚持，又怎能达到如此境界？而王羲之深知，想要练得一手好字，仅仅依靠天赋是不够的，还要通过后天的勤奋努力，才能达到心中的目标。

正是因为这份坚持，王羲之对于写字达到了痴迷的状态，就连平日外出走路，也总喜欢用手在半空比画着练字。王羲之走路很少注意脚下，总会不经意间被树杈枝丫钩到，时间一久，他的衣服被路旁的树枝划破了不少，但他却不以为意。练字让他内心感到无比充实与快乐，自然不会关注生活中的琐事。

据后世所传，王羲之对书法的痴迷不仅造就了一方"墨池"，划破了许多衣裳，他还堆砌了一座"笔山"。由于从小到大一直勤于练字，始终未曾放下过手中的毛笔，被他用坏的毛笔数不胜数。用坏的毛笔，他都喜欢扔到一个空地上，时间一长，废弃的毛笔居然也堆成了一座小山。

墨池、破衣服、笔山……这都是见证一代书法大师成长的物品和传说。能够拥有天赋的人是幸运的；不因天赋沾沾自喜，以天赋为舟，纵横书海的人是勇敢的；而能够将这份天赋加以打磨并坚持一生的人是伟大的！人生不过短短几十年光阴，做人就应该像王羲之一样，去做自己感兴趣的事情，并以坚定的信念去坚持。能够为了目标去坚持奋斗的人，是幸福的。

生活中每一个人都有着自己的坚持，而人们为了心中的目标去努力的样子，足以感染到身边的人，给他人继续坚持的勇气。王羲之在坚持练习书法的日子里，也曾遇到一位老婆婆，她的坚持让王羲之震惊，更让王羲之感动。

有一次，王羲之走在集市上，看见一家饺子店顾客盈门，生意兴隆。他也走进去，点了一份饺子。饺子入口之时，顿时鲜香满溢。一份饺子个个皮薄味美，软糯可口。吃完之后，他十分想知道究竟是怎样的人能够做出如此美味的饺子。伙计带他来到后厨，只见一位白发苍苍的老奶奶正熟练地擀着饺子皮，然后包馅儿，动作飞快。每个饺子的形状也大小一般、玲珑可爱。最让王羲之感到震惊的是，每包好一个饺子，老奶奶便顺手朝锅里扔进去，一投一个准，从不失手。

如此技艺堪称精湛，王羲之连忙上前询问，希望老人告诉他如何才能做到如此熟练而巧妙的技艺。老人淡淡回答："想要达到熟练的程度，最起码需要五六十年。"王羲之暗自赞叹，亲自给老人家写了牌匾。而老奶奶的坚持更是成了他的动力，让他明白，在坚持这件事上，任何人都无法撒谎，因为时间终会给人答案，而每个坚持的人也并不孤独。

王羲之乃是书法大家，为世人所敬仰，他身上所体现出来的精神，更值得被后人借鉴学习。人生道路，曲折蜿蜒，但在坚持这条路上，人们并不是孤军奋战，有许多榜样与先贤，用双脚践行着对梦想的追求，用坚持诉说着对理想的承诺。

坚持的路上，像王羲之一样的人不在少数，人们身边也常常有许多鲜活的例子能够给人榜样的力量。对人们来说，重要的不是去赞叹瞻仰，而是要从他们身上获取前行的力量。

吴道子：水珠浪花汇成江河奔腾

吴道子是唐代非常有名气的画家，被世人尊称为"画圣"。小时候他家境贫寒，但他凭借惊人的绘画天赋，年纪轻轻就崭露头角。吴道子曾经担任过县尉，后来被召入宫中。他的绘画造诣高深，尤其精通于佛道和人物的描绘。

吴道子幼年便失去了父母，生活极为窘迫，经常连肚子都吃不饱。为了生存下去，他便向一些民间画家讨教经验，学习绘画技巧。他经常整日整夜不睡觉，废寝忘食地沉浸在画作之中。由于他天赋极高，又甚是勤奋刻苦，在他还未达到弱冠的年纪，就已经"穷丹青之妙"了。

在坚持绘画之梦的途中，吴道子也曾迷惘过、彷徨过。他年轻时，曾经向赫赫有名的书法大家学习过书法，也曾入世做过官。经历过世事沧桑之后，生活的沉淀让他逐渐明白自己心之所向究竟在何处，他的目标和追求也逐渐清晰，那就是刻苦钻研绘画艺术。于是他选择抛下一切，心无杂念，几十年如一日地观摩学习，坚持练习。极好的天赋与坚定的信念，加上持之以恒的努力，终于让他的绘画艺术达到了炉火纯青的境界。

传说吴道子性格极为爽朗，尤其喜欢在喝醉酒的时候，进行绘画创作。他在描绘壁画的时候，完全不需要借助尺规，往往一挥而就便是一幅惊世之作。有这样成就的吴道子，之所以能够成为"人上人"，是吃过"苦中苦"的。

他的苦，要从贫寒的出身说起。小时候，吴道子跟着民间画师学习画画，可是尽管自己很喜欢画画，但无奈没有钱买纸笔。贫穷会磨灭很多人的梦想，然后让人们对生活妥协，但吴道子没有屈服，为了心中那个梦想，他努力寻找着出路。于是他捡拾木棍，蘸着清水在光滑的石板上练习画画。

在他十几岁的时候，还是小小少年，便孤身来到崆峒山中向道人拜师学艺。道人将他带入山洞之中，指着一块巨大的蛤蟆石，让他磨石为墨，在山洞的石壁上练习描画。吴道子静下心来，闭关在山中，整整画了三年，巨大的蛤蟆石被他磨成了一小块蛤蟆砚，其刻苦程度可见一斑。吴道子用心研习，绘画功力已经达到了非同常人的境界，传说他画出来的稻谷能以假乱真，吸引山中的鸟雀前来啄食。

再大一点的时候，吴道子师从于"柏林寺"的一个老和尚，每日都跟随在师父身后，不放过任何一个学习机会。那时候，老和尚心中有一幅画，名字都想好了，叫作《江海奔腾图》，但是无奈自己技艺有限，下笔始终无法达到心中所想的景象。于是，老和尚决心乘船远游，仔细观察各处江河湖海，以期用这种方法提高绘画技巧，创作出更为传神的画作。

老和尚带着年轻的吴道子远游，遍览各处江河，一晃三年便过去了。在这三年里，吴道子跟随师父四处游历，广闻博识，获益颇深。不幸的是，师徒二人刚回到寺中，老和尚便由于长期的奔波忙碌和心事郁结，病倒在床。加上他心中牵挂着那幅画，老和尚终日郁郁寡欢。为了让师父安心，吴道子自告奋勇，决心替师父完成一直以来的心愿。

于是，吴道子闭关三个月，足不出殿堂。他的脑海里是这三年来见识过的江河湖海，他的心中装满了水珠浪花，在认真构图，苦思冥想之后，他下笔如有神，笔下若生花，最后终于完成了一幅气势磅礴的《江海奔腾图》。他将画作呈给师傅，老和尚望着弟子的这幅图，仿佛看见了翻涌着的波浪，那样生动逼真，那样宏伟壮观，他的心事终于了结了，病情也因此得到了好转。

吴道子画浪成花，笔下之物无不栩栩如生，能有如此技艺，是因为他长久坚持和努力的结果。人生宝贵而短暂，哪怕不能建功立业，人们至少也要在自己力所能及的范围内，拼尽全力，奋不顾身，勇敢地为了心中的目标坚持到底，只要肯钻研，终会在前进的途中收获成功。

现实中很多人，摸不清未来的路在哪里，今日立下志向，决心努力做出一番事业，几日之后又被别的事情吸引了注意力，于是三心二意，最终一事无成。常立志而无长志，总在改变目标中辗转浪费时间，实际上是缺乏坚持的恒心与毅力。一辈子如白驹过隙，人若不能专心致志、集中精力坚持去做好一件事情，到头来终将是竹篮打水一场空。

钱学森老先生曾说，任何时候，都不要失去信心，只要坚持不懈，就终会有成果的。不去勇敢地闯一闯天下，怎么会知道前方究竟有哪些未知的宝藏呢？立志用功犹如种树，先有娇嫩的芽，然后长出枝干，继而有枝有叶，最后才有千树万树繁花盛开的景象。人生亦是如此，只有在坚持和奋斗中积累经验，方能绽放精彩！

徐霞客：踏遍奇山异水，心中自有山河

如今轨道交通四通八达，从我国的北方到南方用时也越来越短，越来越多的人喜欢搭乘火车出行，借此看遍祖国的大好河山。然而在400多年前，有一位伟大的旅行家，几乎用脚踏遍了现今的20多个省、市、自治区。这位旅行家就是明朝非常有名的徐霞客。

徐霞客不仅是旅行家，更是地理学家。他倾尽了30年的心血，四处游历考察，走遍大江南北。路途之中，艰险异常，他从未想过退缩或者是放弃，最终编写成了长达60多万字的地理著作《徐霞客游记》，他也因此被称为"千古奇人"，受到无数后世之人的敬仰和追慕。

徐霞客出生于富庶之家，但是他无意于考取功名，而是志在四方。他短暂的一生，全部致力于自身所爱。在行走中，每到一处，他就会仔细探寻，并且认真写下游记，将观察到的奇特景象以及当地的人文、地理方面的状况记录下来。据史料记载，徐霞客在22岁时，正式外出游历。他出发时，母亲都亲自送他，每次一别就是三年五载。他一生行走穿梭于奇山异水之间，四处考察记录。直到他54岁去世，按我们现在的行政区划来看，

他的足迹遍布20多个省、市、自治区。

旅途之中，道路漫长，还有各种艰难险阻。他长年跋山涉水，经常露宿街头或是借住在荒废的破庙里，但是他从未后悔过，也未曾想过要返回家乡，去过富足安逸的生活，而是日复一日地坚持做着考察游记。后世阅读他的《徐霞客游记》，仿佛身临其境。他用细致入微的描述为读者重现了当年的地理图景。这本书为后世之人留下了宝贵的地理考察记录。同时，《徐霞客游记》更是徐霞客一生坚持的见证，见证了他经历的磨难，见证了他的毅力，更见证了他的伟大。

如今很多人选择"穷游"，个中艰辛恐怕只有自己能够知道。但现代"穷游"相对于徐霞客的时代已经不可同日而语了，至少如今的"穷游"还能借助便利的交通工具。而在明朝，徐霞客所要面对的，是比"穷游"的人更加艰难的处境。

徐霞客在外游历期间，很少骑马或者是乘船，而是自己背着沉重的行李，徒步行走赶路。他考察过的地方，很多都是荒无人烟，甚至是危险重重的边疆区域，他的生命曾无数次受到威胁。高山峡川、溶洞深谷、高原沟壑、荒原沙漠，徐霞客用一生将脚印留在那里。而世事变迁，沧海桑田之后，《徐霞客游记》还原了彼时景状，也还原了一个踽踽独行的背影，在夕阳下留下孤独而美丽的剪影。

现今社会信息快捷，诱惑很多，人们也因置身繁华而容易变得浮躁。有时候人们信誓旦旦地决定要做好一件事情，刚开始或许还能干劲十足，可往往坚持了一段时间之后，感觉看不到希望，就没有动力干下去了，并开始用各种理由安慰自己，让自己的放弃显得不那么失败，将自己的不坚持推诿给现实原因。

想要做好一件事情,就要学习徐霞客老前辈那种不畏艰险、淡泊名利的精神,心无旁骛地投身于一件事情,相信最终一定能够收获意想不到的惊喜。

坚持的路上最难熬的时候是什么时候呢?最难熬的时候就是面临变道的时候,人们需要不断调整自己,做出改变,从而让坚持的难度又多了一层。徐霞客在坚持游历的过程中也是如此。徐霞客在路途之中,除了面对险恶的环境,还要面对突降的险境。这无疑让他的坚持成了一种挑战,一种对自我毅力和品质的挑战。据相关文献记载,徐霞客在途中遭遇了好几次强盗,身上财物被洗劫一空,甚至连填饱肚子的食物都没有。在他51岁的那一年,游历到湘江,路遇歹徒,一位同行的伙伴受了重伤,身上的东西都被劫走,他自己也险些丢掉性命。很多人都劝他,说他年纪大了,身体也多有疾病,不如早点回到老家享享清福,并且还愿意提供给他回家的路费。但是他立刻拒绝了,淡淡地说道:"我每每出行,身上总会带着一把铁锹,这广阔的疆土,无论在哪里,都可以掩埋我的尸骨。"

这句话实在让人动容。能够将生死置之度外,全身心地投入到自身的事业之中,这样的人想不成功,应该都很难吧。徐霞客只是把旅途中遇到的困难当作是稀疏平常的小事,没有吃的,就用身上仅剩的钱去买些粮食,没有住宿的钱,就将身上稍微值点钱的东西拿去典当。

如果说路途中的苦难都能克服,而下面要说的这一次困难对他却是一次致命的打击。徐霞客在游历到云南之后,突然患了脚病,而且严重到无法下地行走的程度。这对于一个行者而言,是灾难性的,就好比一个舞者失去了腿，一个画家失去了手。虽然他不能外出，但他并没有因此停下来。他利用卧病在床的时间，回忆着一生行走的路途和看过的景象，将毕生所见都记录在书中，而他的精神永远在路上。

随着他的病情加重，云南官员命人将徐霞客送回了老家。徐霞客一生的时间，大部分都行走于奇山异水之间，他有自己的目标，那就是编纂出一本包含切身体会的游记，揭秘大自然之中的种种地理奇观。有了这个信念作支撑，徐霞客行走的脚步从未停歇。他笔下所记载之物，皆是亲眼所见，路途之中的陡峭山谷和湍急的河流，都无法阻挡他前行的脚步。如果他没有坚持不放弃的精神和顽强的意志力，这些是根本无法实现的。

正是靠着这种乐观豁达和永不言败的拼劲，徐霞客才将所有艰难险阻都踩在脚下，最终攀登上了人生的高峰。心中的梦想或许看起来遥不可及，但是只要人们愿意迈开脚步，勇敢地追逐，坚持不懈地努力，终有一天会实现人生的价值。踏遍奇山异水，心中自有山河。当双脚无法行走，思绪也仍在路上，因为一颗坚持的心是永远不会溃败的！

玄奘：佛法无边，心中有念

说起坚持探寻的人生之路，就不得不提起一位和尚，他叫玄奘，是唐代著名高僧，被后世之人尊称为"三藏法师"，和鸠摩罗什、真谛、不空并称为中国佛教四大译经家。他不畏艰险，坚持不懈，西行取经，足迹遍布印度多个地区，玄奘的思想和精神是全人类共同的财富。

玄奘还是吴承恩小说《西游记》里唐僧的原型。在《西游记》中，玄奘被塑造成金蝉子转世的唐三藏，取经路途之中，有三位得力弟子一路相随，暗中还有各路神仙倾囊相助。但是历史上的玄奘，却并非如此。实际上，玄奘孤身一人前往印度，交通不便、对沿途的地理情况也不熟悉。

路途之中，玄奘所经受的艰难困苦是常人难以想象的，连《西游记》中唐僧的"九九八十一难"都相形见绌。浩瀚大漠、漫漫黄沙，玄奘饥渴难耐，找不到水源，迷失了方向，如果不是依靠着异于常人的忍耐力，早就葬身在荒无人烟的沙漠里了。他一路西行，经过了众多的国家，因为宗教信仰的不同，有的国家仇视佛教，他路过时不但遭到驱逐，还差点丢了性命。因为孤身一人，为了赶路，风餐露宿，他多次在荒郊野外从歹徒手中侥幸逃生。

但是他始终拥有着坚定不移的信仰,为了取得经书,再多的磨难,也难以阻挡他前行的脚步。他在路途中,还坚持每天做笔记,将一路上的所见所闻都记载下来。玄奘历经艰险,终于获得了想要的结果,不仅成功取得了经书,光大佛法,普度众生,更是完成了一部历史巨著《大唐西域记》,成为中外文化交流史上灿烂辉煌的一页。而他也在实现伟大理想的历程中,彰显了人类坚韧不拔的可贵精神。

玄奘西行取经,在外总共游历了整整十七年。一个人的一生,又有多少个十七年呢?把最美好的时光,倾注在信仰和追求之上,虽苦犹甜。这份对理想信念的坚持早已熔铸成为他的灵魂,在他取得经书回到大唐之后,他并没有享受安逸的生活和众人的膜拜,而是兢兢业业地开始编著那本详细描写旅途之中各国风土人情和地理风貌的《大唐西域记》。

除了编著图书,玄奘还从事着繁重的经书翻译工作。他花了十九年的时间翻译经书,无论是数量还是质量,都是前无古人,后无来者。无论是清晨还是夜幕,他始终伏案工作,经常三更暂眠,五更复起,永远不知疲倦。除此之外,他还要抽出一部分时间,给弟子们讲解经书,解答他们提出的疑问。传经论道、诲人不倦,玄奘似乎永远都是那样不辞劳苦。或许他所做的每一件事都需要常人无法企及的坚韧,但他却一件一件,有条不紊地通过这些事情,去完成自己的使命,实现自己的理想。

玄奘结束了佛法上的一个陈旧时代,开辟了一个经义的崭新时代。他不但促进了中外文化的交流和学习,深刻地影响了东亚文化的发展,也极大地提高了东亚文化在世界文化之中的地位,促进了各个国家间的交流和学习。而他独自一人，穿过戈壁沙漠的身影，也成了史书上孤独而壮烈的记载，成为后世之人膜拜的榜样。

佛家认为人的一生，从稚嫩的孩童到垂垂老者，大多都要经历三个境界，也就是：看山是山，看水是水；看山不是山，看水不是水；看山还是山，看水还是水。最初用纯真的眼光看待世界，看到的是什么，就认为它是什么，从来不会对其产生怀疑，心中渐渐有了专属于自己的信念和理想。当你经历了一些事，开始对自己原先的认知产生怀疑，渐渐地明白有些事情并不是表面看到的那样。而等到经历世事，咬牙挺过人生的艰难时刻，你就会发现，山还是那座山，只不过心境早已变得淡泊与坦然。在追梦的过程中，充满了挫折和困难，你也会遭遇许多迷惘和彷徨，感到前途无望。如果你在第二重境界就放弃了前行的脚步，在半途中折返，最终将会一无所获，也永远无法达到人生的第三重境界。

心无旁骛地去做一件事情，可能大多数人都能坚持几个月。但是为了心中一个遥遥无期的念想，与此同时前进的路途之中又潜伏了未知的危险，如此还有多少人能够抛下一切，为了心中的梦想永不放弃呢？玄奘恰恰就是这凤毛麟角之人，哪怕头破血流，刀山火海，始终无怨无悔，在取经路上，始终孤独而勇敢地坚持着，最终成了千古高僧。

李时珍：遍尝百草成巨著，一草一木皆有心

人们常常抱怨自己明明很努力，也一直在坚持，为什么就是无法获得成功呢？当这些抱怨从口中说出，就意味着，在坚持的过程中，人们往往带着一份功利心。而一旦当功利心没有获得满足，人们便生发出这些怨念。事实上，如果真正从心底对自己坚持的事业感到热爱，通常是无怨无悔而又满怀幸福的。

明朝时期，出现了一位非常伟大的药物学家和医学家，这个人就是李时珍。他是湖北蕲春人，父亲和爷爷都是有名的医生，所以成长于医学之家的他从小便耳濡目染。随着年龄的增长，他对于医学的兴趣日渐浓厚，便把医学当成了自己毕生的志向。

那时的民间医生地位非常低，生活也很艰辛，所以李时珍的父亲并不支持儿子走医学这条路，希望他能够走上仕途。但是李时珍无心科举，一心钻研医学。在 23 岁的时候，由于他坚定不移的信念，他终于得到了父亲的应允，能够跟随在父亲身旁学习。

李时珍开始替人看病后，一边济世苍生，一边潜心于药物的研究。他

在翻阅旧的药物书籍的时候，发现其中有很多出错的地方。我们都知道，医学是不允许出错的，每一个微小的错误都有可能夺人性命，酿成惨祸。于是他下定决心，要依靠自己的努力，重新编写一部更加完整、更加准确的药物书籍。

为了避免前人的错误，李时珍开始四处游历，亲自进行考察。他不畏艰难险阻，常年长途跋涉，为了弄清楚某些不常见的药草的特性，甚至冒着生命危险亲口去尝试药性。在平日里，他通过替人治病不断累积临床经验，遇到疑难杂症，一定要细致入微地询问、观察，直到弄清楚才肯罢休。为了获取更多的药物特质，他还亲自跑遍大江南北去采集药材。

无论是山高水远，还是严寒酷暑，他都无所畏惧。因为他的心中怀揣着大梦想，想要为身患疾病的人做些什么。正是靠着这种信念，李时珍走过山涧溪流，越过谷地树林，从未放弃过自己对于药理学的求真之路。

在游历期间，有些陡峭险峻的山峰，要想攀爬上去十分不容易。为了把更多的时间放在和药草打交道上，李时珍干脆待在山峰上面好几天都不下来，饿了就吃自备的干粮和山上的野果，渴了就喝山泉水，天黑了就直接在山洞里过夜。他跋涉了成千上万里路，向无数位医生、农民以及其他职业的普通人虚心求教，学习到了很多书本上没有提到过的知识，为日后的厚积薄发，奠定了良好的基础。

多年之后，李时珍游历归来，回到了自己的老家，开始整理游历过程中积攒下来的材料，潜心写书。他用了整整20多年的时间，才终于将《本草纲目》编写完成。在这期间，因为继续治病救人，李时珍也经常反刍过去的资料，修改无数次才最终成稿。这部巨著长达100多万字，记载的药物达到了1900多种，可谓数目惊人。也正是由于这部凝结了李时珍毕生心血的巨著，纠正了古籍之中的错误，添加了许多新药种，即使穿越千年，在当今医学界，这部《本草纲目》依然有其深远的影响。当人们翻开《本草纲目》的扉页，无论是妖娆多姿的白芍，还是挺拔坚毅的松柏，一花一草中仿佛都有李时珍用双脚丈量土地，用心血炼制药理的生动画面。这本书中所述的一草一木，都是一位持之以恒的伟大名医的心血。

现今社会中，还有多少人愿意用一生去做好一件事？李时珍之所以能够成为千古名医，和自己坚持不懈的努力是分不开的，他对于药理学的坚持，早已超越了功利心，而是为了心中强烈的热爱。

在采集药草时，李时珍为了了解曼陀罗的特性，多次品尝。因为一次、两次并不能精准地得出结论，他便多次按照不同的分量去尝试，然后再根据以往的一些经验，自我解毒，最终才终于摸清了它的药性，并且得出了解药的制作方法。李时珍这种以身犯险，不惧生命之危的精神，在现当代的医学界看来，也是极其难能可贵的，一代"医圣"的称号可谓当之无愧。

他几乎将一生中全部的岁月都奉献给了伟大的医学事业，他实地考察，编修书籍，无偿救治了很多穷苦之人，贡献了宝贵的医学知识，推动了医学乃至社会的进步。

据说有一次李时珍带着自己的弟子在山中赶路，白天奔波，晚上找地方借宿。天色将晚，他们已经错过了住宿的地方，荒郊野外也无法打地铺。

好在两人发现了一座破庙，李时珍很开心，两人就地生火吃干粮。此时的李时珍，已经有50多岁了，但他依然为了心中的理想，甘愿风餐露宿。

李时珍这种毅力和精神，值得每个后世之人学习。想要成功，人们就必须要为此付出汗水和努力，永不放弃，永不言败，这样最终才能到达胜利的彼岸。大多数人都会对那些成功人士表示羡慕，但是人们看到的，只是他们人前光鲜亮丽的辉煌，而在成功的背后，他们为此付出了多少努力，却被人们忽略了。名医李时珍流芳百世，被后人称道，而他的一生都在坚持和努力，甚至多次险些丢掉性命。

成功贵在坚持。珍贵的雪莲往往是生长于万丈冰崖之上，只有不惧严寒，坚持到底的人，才能够得到；壮阔的风景往往深藏于陡峭的山崖之巅，只有那些不畏艰险，敢于攀登和挑战自我的人，才能够欣赏。人生就是一个不断坚持、不断积累以及不断完善自我的过程，只要拥有了百折不挠的坚持，任何艰难险阻，都挡不住人们前行的脚步。

千里之行，始于足下。坚持着心中的理想，抱着必胜的决心和勇气，坚定不移，坚持不懈，每个人最终都能抵达心中的殿堂！

不能坚守梦想,你就无法成为想成为的人

梦想就像一朵娇艳的花朵,散发着阵阵清香;梦想就像暗夜里的星光,发出耀眼的光芒。然而梦想的实现,却伴随着一系列的困难、挫折,甚至是伤痕累累、头破血流。这时就需要人们有更加坚强的意志力和更加坚韧不拔的品质,在追梦的路上,不要悲伤和彷徨,要相信所有流下的泪水和汗水,哪怕是鲜血,都是在为未来的成功铺路。

即使日子低到尘埃,也要把梦想高举

尘世中,人们背负着自己的责任,一步一步地努力行走,这平凡日子里的一切都是因为心中还有梦想,才让每一天都充满快乐与激情。海子曾写过关于梦想的诗句"要有最朴素的生活和最遥远的梦想,即使明天天寒地冻,山高水远,路远马亡。"

城市广场边经常坐着一个中年男子,他没有双腿,可是每天却固执地在地上用粉笔画出双腿。他也给别人画像,面前的纸盒里经常只有几块钱。但是他有一个梦想——能够靠着画画的收入给自己办一个画展。

画像大叔有自己的心事。他的心中有一间展厅,他的幸福就是能够将自己所珍视的美与他人分享。

画像大叔每天都会坚持画画。每一天,当阳光洒在这白鸽环绕的广场上的时候,他便拖着自己的身体还有画板,慢慢地挪到固定的位置,给自己画上两条腿,再摆开画具,等着人们前来问询。

他给人画画要的价钱不高也不低,别人若是主动多给他几块钱,他便会送给那人一朵纸折玫瑰。有传言说他这十几年的积蓄早就可以不在这给人画像了，甚至有人当面问他仍然过着这风餐露宿的生活究竟是为什么？画像大叔的脸看上去与从事绘画艺术的样子相去甚远，若人们远远地望他一眼，一定以为他长年干着苦力活，才会有着那样一副面庞。日子早就把他的青春给磨光了，却没有带走他身上的梦想。他说："因为，画才是生活。"多浪漫的句子，平淡地从他的口中说出。画里是生活，更是他对生活全部的梦想。若他为人画画只是为了钱的话，那么绘画便不再是通过梦想的阶梯，而沦为生存的工具了。他没有标榜自己有梦想，可是分明让人感受到了他的梦想之光。

后来，地下通道旁的广场上有了一场画展，正是画像大叔举办的。他不再坐在原本冰冷的地上，而是坐在了轮椅上。他穿上整洁的白衬衣，样子竟然有些潇洒。虽然不再是曾经那副落魄模样，但在很多人看来，他从未改变过，他依旧是那个看着你笑，笔尖飞快的"画家"。

每个人的一生，所要经历的不过是从呱呱坠地到老年迟暮的平凡日子。听上去简单，可是日子却短暂又漫长。日复一日，年复一年，若没有能够支撑着走下去的力量，活着还有何意义？人若没有梦想，和咸鱼又有什么分别？追梦，就是这样一种能够让人痛苦并快乐地享受生活的力量。哪怕日子低到尘埃，也请将梦想高高举起。不要让梦想落下，因为梦想会消失。平凡如尘埃的人们，只要心中有梦，便能等到清风徐来，花香满径。

本节小结

日子清贫，并不是可怕的一件事情。日子不如意，并不是让人绝望的理由。即使，生命中意想不到的一天，遭遇了突如其来的打击；即使，从出生那一刻就不曾被偏爱过；即使，前路荆棘满地，也请将心中的梦想高高举起，因为那将是指引人们在艰难中继续前行的明灯。

八 不能坚守梦想，你就无法成为想成为的人

再微弱的梦想，也值得仰望

古希腊著名诗人荷马曾经说过："梦想，是来自宙斯的礼物。"每个人在内心最柔软的地方，都拥有着属于自己的梦想。梦想就像一颗星辰，在人们黯淡无光的生活里，指引前进的方向；梦想就像一粒火种，在人们孤独无助的夜晚，闪烁隐约光芒。哪怕再微弱渺小的梦想，也值得被仰望。

有梦想做指引的人是幸福的，即使那个梦想远在天边，也能够给人无限动力，正如保罗·柯艾略的《牧羊少年的奇幻之旅》中讲述的故事一样，那是一个关于牧羊少年圣地亚哥通过不断克服困难，努力追寻宝藏的冒险故事。

圣地亚哥最初只是个平凡的牧羊人，但是他心中却酝酿着一个大的梦想，在神秘撒冷王的指引下，他想要去金字塔寻找梦中的宝藏。虽然那梦想听起来不切实际，甚至滑稽荒谬，但是他始终没有忘记心中的信念，勇敢地迈出了第一步，最终寻到了宝藏，同时也收获了五彩斑斓的人生。

在寻找的过程中，圣地亚哥曾有这样的内心独白："当我真心在追寻着我的梦想时，每一天都是缤纷的，因为我知道，每一个小时，都是在实现梦想的一部分，一路上我都会发现从未想象过的东西。如果当初我没有勇气去尝试看起来几乎不可能实现的事，如今我还只是个牧羊人而已。"

只要心中有梦想，并且肯付出努力，每个人都可能成为下一个圣地亚哥，发掘出人生中隐藏的巨大宝藏，而比宝藏更为珍贵的，是在追寻梦想的过程中，成为更好的自己。

就像圣地亚哥一样，很多人最初都只是个不起眼的小人物。然而作为一个普通人，就应该接受平淡的生活了吗？就应该在日复一日的重复中压抑心中的梦想，甘于在安稳中平庸一生吗？许多人不甘于平凡，即使普通如桑海一粟，心中依然有梦，身边的人或许会嘲笑他好高骛远，不切实际，但是那些嘲笑的人不知道，有梦想的人是幸福的。因为梦想，他们对自己有更高的要求；因为梦想，他们不会放任自流；因为梦想，他们会激励自己朝着目标前行。

美好的梦想只会催促一个人变得更好，更上进，而那些嘲笑他人梦想的人，才是真正的可悲可叹。他们拿生活的幌子来掩盖自己不够努力的事实，打着现实的旗号让自己停滞不前，他们困在自己编织的牢笼里，却嘲笑他人对于远方的向往。

如果一个人有梦想，就不要惧怕别人的嘲笑。无论这个梦想是皎若朝霞般灿烂，还是如隐约星辰般微弱，都将成为激励他人生的鼓点。在坚持追梦途中，不惧怕嘲笑其实是一件需要勇气的事，更是一件需要坚定信念的事。

杰克·伦敦是美国非常著名的作家，他出生于破产的农民家庭，家境极为贫困，从小就开始做苦力，长大更是四处流浪，居无定所。哪怕住不起大房子，填不饱肚子，买不起衣服穿，但是他依然怀揣着伟大的作家梦，梦想写出激动人心的作品。周围的人对他的想法嗤之以鼻，劝他还是努力干活，多赚点钱比较靠谱，但他从未因此而自卑或退缩，一直在仰头追寻着自己的梦想。

他的房间，各个角落都充斥着小纸条，上面都是他平时随手记录下来的优美词句以及生活感悟。他充分利用洗脸刷牙或者是睡觉前的零碎时间，仔细研读，认真揣摩。外出干活的时候，他也会随手在口袋里塞一些小纸条，休息的时候读上一会儿。就是靠着这样刻苦拼搏的学习精神，他笔耕不辍，最终成了著名的现实主义作家，实现了自己伟大的人生梦想。

天赋异禀的人毕竟是少数。大多数人都很普通，没有出众的天分，没有惊人的家庭背景，没有千载难逢的机遇。但是很多人还是会对梦想始终怀着虔诚的心态，一步一个脚印，艰难前行着。哪怕追逐的脚步缓慢而沉重，哪怕周围充斥着流言蜚语，但是他们始终追寻着内心最初的梦想。因为他们明白，任何人的梦想都值得被肯定，任何人的努力都会有所回报，朝着梦想奋斗不止的人生都值得被仰望。

就像杰克·伦敦的梦想一样，很多人的梦想在最初都只是一个柔软且娇嫩的种子，如果置之不顾，它很快便会长眠于黑暗沉闷的泥土之中，永远没有被阳关照耀的日子。只有怀有梦想的人，每日细心呵护，小心照看，勤于浇水施肥，它才会生根发芽，茁壮成长，开花结果。若一个人只是空有梦想，却从未付出真正的努力，怕苦怕累怕冒险，做事情瞻前顾后，那梦想只会慢慢沦为空想，永远不会有实现的那一刻。

很多人都说，世界在变，人也在跟着变化。但是，无论如何，不能忘记的是自己的初心。万家灯火亮起,带着一身疲倦回家的时候,是藏在心底的梦想,提醒着我们不要忘记来时路,提醒我们不要忘记出发的初衷。若心中有梦,无论多么微弱,也要朝着它努力前行。不要惧怕嘲笑和挫折,因为所有追梦的人,都不孤独,所有被追逐的梦,都值得仰望!

本节小结

人们在追逐梦想的路途之中,要始终保持坚持不懈的可贵精神,将梦想小心妥善地存放于心底,哪怕旅途之中遭遇坎坷荆棘、狂风暴雨,甚至是刀山火海,都要永葆内心的纯澈。静心之路,独自修行,勿忘初心,方得始终。

为自己搭建成功的舞台

人生就像是一幕戏,舞台之上每个人所演绎的内容大不相同。有的人一生平淡,就像一幕哑剧,有的人一生跌宕起伏就像一部舞剧,无论是怎样的光景,只要将一生的剧目编排合适,在自己的专属舞台上,每个人都会呈现出不同的精彩。

在历史中,有很多演出了精彩剧目,为后世留下宝贵财富的著名人物,他们无不懂得用坚持为自己搭建成功的舞台。王羲之勤勉刻苦,染黑了一方碧水池塘,方才成就了千年"书圣";徐霞客坚持不懈,踏遍了奇山异水,方才铸就了心中的山河;吴道子奋力拼搏,用手中的画笔,将水珠浪花汇集成了奔腾的江河;玄奘不畏艰险,行万里路,读千卷书,方才达到心中有念的境界,最终成为一代高僧。

每个成功者的背后,都付出了艰辛的努力,他们的成功不可复制,也不是轻而易举,唾手可得的,而是他们用汗水、泪水,甚至是血水浇铸而成。

岳云鹏近年来活跃于相声界,同时也参与了多部影视剧和综艺节目的录制,受到了人们的广泛喜爱,大家亲切地称其为"小岳岳"。他现在的日子可谓过得风生水起，家庭事业双丰收，人生也走上了一个崭新的台阶。但是很少有人知道，在他还没有火遍大江南北的时候，他究竟受了多少气，吃了多少苦，流了多少泪。

岳云鹏家境贫寒，十几岁的时候，辍学打工，小小的年纪，就在大城市四处漂泊。他做过餐厅服务员、保安、厕所清洁工，等等，深刻感受到了世态炎凉和人情冷暖。正是这些苦难的经历，无意中为他的相声积累了鲜活的素材，也为他日后的成功奠定了基础。

后来他师从郭德纲，从最底层做起，先干一些剧场的杂活，虽然很累，工资也低，但是他从未抱怨过，也没有想过退缩。由于不是科班出身，所以一切他都要从头开始学。他起早贪黑地练功、吊嗓子。说学逗唱，每一样都不敢放松。功夫不负有心人，最后他终于成为相声界备受瞩目的冉冉新星，前途不可限量。

岳云鹏的成功，给正在奋斗的人们，树立了榜样。即便是眼下前途渺茫，看不到丝毫的希望，但是只要能够坚定心中的目标，注重眼前的积累，奋斗的人们所有付出的努力终将不会白费，总有一天，会尝到甘甜的滋味，观望到壮阔辽远的风景。

现代不乏刻苦奋进的人，古代同样也是，匡衡凿壁偷光，车胤囊萤映雪，苏秦锥刺股，孙敬头悬梁……想要为自己搭建成功的舞台，就要肯下功夫，甘愿吃苦受累，只要长时间坚持下去，这些经历都是一笔笔宝贵的人生财富。

《庄子·达生》里面记载了一则小故事。有一天孔子到了楚国。他看到树丛里面，有一位驼背的老人正在粘蝉翼，动作麻利迅速。他顿时惊叹不已，因为这蝉翼实在是太薄了，很多人能够拿起蝉翼就实属不易了，而老人却用蝉翼做着高超的技术活。于是，他走上前去，虚心请教道，"请问对待这种薄如纸片的蝉翼，您是怎样做到如此高超的技艺呢？"

老人淡淡地说道："没什么诀窍，专心致志，勤于练习，世间万事万物，我眼中只有这翅翼，日复一日，年复一年，我的身体便像是一根木桩一般稳固不倒，当自身达到这样的境界时，对待这小小的蝉翼，便能够易如反掌。"

孔子点头表示受教，立刻对跟随的弟子说道："用志不分，乃凝于神，其佝偻丈人之谓乎。"这句话的意思就是说，无论做什么事情，都要集中精神，要有恒心和毅力，用心去做，且不可见异思迁。

为自己搭建成功的舞台，就需要人们收集所有能找到的材料。搜集的过程就是人们不断积累和学习的过程。在坚持的路上，人们倘若没有丰厚的知识储备，做事毫无头绪和参考，就会走许多弯路。这也就能解释为什么很多成功者对于知识和信息总是如饥似渴，他们对新鲜事物有很大的好奇心，而且都能从书海中汲取知识和力量。作家早已能够写出精彩的故事，却仍然不放过每一个采风的机会，去获得新的灵感；设计师早已能够绘出图纸，却仍然对新式建筑兴趣颇深。终生学习是一个人一生的必修课。

为自己搭建成功的舞台，还需要人们日复一日的坚持垒筑高台。这不仅是时间的问题，更是谋略的问题，人们若能按照规律，掌握方法，每天修砌一点，最终便可以让自己的舞台更加大气恢宏。很多人在一开始坚持的时候，总觉得效率比较低下，不想重复做枯燥没有意义的事情。实际上，只有量变达到一定程度才能引起质变。一个人在一砖一瓦搭建舞台的过程中，他会从中悟出许多道理，这些道理会把他引入正确的道路上去，就像小岳岳那样，这些道理日后都成了他成功的素材。

生命不息，奋斗不止，一个人要想成为命运的主宰，只有通过勤劳的双手，坚持不懈地为自己搭建成功的舞台，如此，才可以一步一步开拓出伟大的人生篇章！

本节小结

没有过人的意志力和坚韧不拔的毅力，空有伟大的梦想，但是不付出实际行动，整日躺在床上做白日梦，那么幸福永远不会来敲门。种豆得豆，种瓜得瓜。想要收获什么样的成功，就要栽种什么样的梦想，再加以辛勤的灌溉和细心的呵护，才能慢慢让梦想生根发芽，最终结出成功的果实。

想哭的时候，看看自己的来时路吧

沫苊是一个极其普通的女孩儿，人群里都很难找出来的那种。她从大学毕业到收获第一桶金，用了五年时间。这宝贵的五年几乎占据了她青春年华的大部分，而她却用这最宝贵的时间，证明了自己可以遵循本心，去做想做的事情，成为自己想要成为的人。

在沫苊上大学的时候，她就发现自己比很多同学都要笨拙。她所在的编剧专业，有太多创意无穷，脑洞大开的人，他们总能将故事讲得新颖动人，不仅在专业里出类拔萃，在学校里也小有名气。而她却做不到，她的故事总是四平八稳，很少能够让人一眼难忘，更别提留下深刻的印象。但是沫苊深深喜欢着编剧事业，她希望自己能用手中的笔描绘出一个让人感动的故事。

毕业那年，导师劝沫苊进企业历练，不要老想着创业，因为她的天赋并不算高，她所写出的剧本并不算抢眼。沫苊知道，在竞争激烈的编剧行业，自己的剧本大概只是淹没在杂乱纸张中的一叠废纸罢了。但她依然不想放弃。

可想而知，沫芃的创业充满着艰辛。刚踏入社会的她经验不足，更为致命的是，她的剧本时常石沉大海一般，惊不起半点波澜。最为艰难的时候，沫芃团队的剧本卖不出一分钱。那一晚她拨通了父亲的电话，犹豫了很久终究还是向父亲要了生活费。那时，她正坐在天桥上的长椅上，看着穿梭的人群和车辆，霓虹灯因为泪眼变得模糊。风吹干了她的泪痕，她望着江水在黑暗中泛出的光，心中十分纠结。到底是应该找一份工作，还是继续坚持做自己想要做的事？

想了很久，沫芃甚至想好了如何跟员工们解释公司解散的事情。可是当她来到办公楼，看到狭窄的办公室里忙碌的员工们，她再一次流下了眼泪。当初她创办公司，是想要写出一部好剧本。而这些愿意追随她的员工们，从来没有说过苦和累，即使讨论剧情到半夜，他们也从不抱怨。沫芃看着这些可爱的人们，为昨晚自己的退缩感到惭愧。

这一路走来，究竟是为了什么？如果只是为了赚钱，或许员工们早就辞职不干了。大家如此努力，为的都是心中那个编剧梦！于是沫芃振奋起精神，拼尽了全力，终于结合自己的写作风格，写出了一部优秀的纪录片。或许四平八稳无法收获曲折惊险的故事情节，却能够创造出逻辑严密的纪录片。沫芃找到了符合自己风格的表达方式，事业也渐渐走上正轨。

很多时候，绝境过后就能迎来曙光。有些人，因为畏惧害怕而不敢前行，选择无功折返。而有些人，虽然承受着千百倍的痛苦，但是暴风雨越猛烈，他们的斗志越昂扬，迎着困难勇往直前，最终成功走出了黑暗，看到了划破暗夜的黎明。这些人都是坚持路上的勇者。

古希腊演说家德摩斯梯尼，天生口吃，说话气短，但是他始终怀揣着大梦想。他每日站在大海边，口含石头练习朗诵。虽然经常磨破舌头，但他从未放弃过，最终成为一代雄辩大家。

著名作家莫言，出身于农民家庭，小时候经历过饥荒，好不容易活了下来，又遇到社会动荡，只能辍学参加劳动。但是无论环境多么艰难，他依然嗜书如命，笔耕不辍，最终成功摘取了诺贝尔奖。

"草根"演员王宝强，小时候家境贫寒，6岁习武，8岁做俗家弟子，他始终有着成为演员的大梦想。经历了艰苦的"北漂"生活，他在追寻梦想的道路上始终咬牙坚持着，最终成为国内炙手可热的男演员。

梦想不分高低贵贱，任何微弱的梦想，都值得仰望，因为它能够让人们在快要被残酷的现实摧垮时，义无反顾地坚持下去。脱口秀女王奥普拉曾经说过："一个人可以非常清贫、困顿或者是低微，但是不可以没有梦想，只要心存梦想，付诸行动，就有能够改变自己处境的那一天。"

在前行的路途中，梦想深深扎根于每一个逐梦者的心底，跌倒了，受伤了，流血了，流泪了，总是很容易让人萌生出退缩的念头。这个时候梦想有多坚决，行动就有多果断。在每一个想要放弃的关头，用梦想支撑着自己走下去，最后终将会有所收获。而在努力之后，人们会发现结果已然不再那么重要，一路经历的种种，看到的壮丽风景，体验到的喜悦，才是最宝贵的。

为了心中的那绚烂多姿的梦想，遇到困难想要哭泣并不可怕，只要回头看一看自己的来路，想一想自己的初衷，人们就会有坚持下去的勇气。因为没有任何东西能够摧毁一个坚定的决心，没有任何事物能够掩埋逐梦者心中那条追逐梦想的路！

本节小结

梦想无论怎样模糊，总是潜伏在每一个人的心底。因此逐梦者的内心永远都不会甘于平静，梦想就好比生长在土壤之中的种子，一直在黑暗中努力汲取养分，不断积蓄力量，期待在未来的某一天，冲破坚硬的地面。在看不到未来和希望的时候，在委屈难受得想要落泪的时候，看看自己的来路吧，只有永葆心中对于梦想最初的那份赤诚和热烈，最终才会笑到最后。

八 不能坚守梦想，你就无法成为想成为的人

心中的远方，就是你所坚持的那个归宿

既然选择了远方，便只顾风雨兼程。无论前方山高水远，还是磨难重重，永远不要忘记自己的本心，这样才能靠着坚定的信念和百折不挠的意志力，最终成功抵达心中的圣地。

前行的道路上，必然会遇到荆棘坎坷和各种不如意的事情，人们只需弯腰捡起碎落满地的梦想，拼凑五颜六色的彩虹，永不言弃、永不退却，勇敢无畏，终会走上属于自己的光辉大道，路的尽头，将会充满了鲜花和掌声。

马化腾曾经是一名普通的软件工程师。在他创业初期，面临资金严重不足、技术缺失的境况，他看不到前方的路在哪里。但他始终坚持初心，专注、专心、专业于自己的事业，不断攻克难关，攀登高峰，最终创立了腾讯。他们研发的 QQ 和微信等软件改变了全中国人的社交方式。

阿宝出生于一个偏远的小山村，家境贫寒，没有接受过系统声乐学习，但是他从小热爱唱歌，怀揣着成为歌手的大梦想。有了梦就要去追逐，他不断参加各种大大小小的比赛，虚心求救，刻苦练习，最终成为当今歌坛

冉冉升起的新星。

所有攀登到峰顶的人，都具有共同的闪光点，他们在内心深处种下了梦想，每天施肥浇灌，悉心培养，为了梦想的开花结果，夜以继日付出努力，以高于普通人千百倍的热情和精力投入进去，即使陷入漫漫无期的黑暗，也告诫自己，一定要坚持下去。

有人认为，时间让一切都变了质，也让一切都变得陌生，然而真正改变万事万物的，不是时间，而是随着时间而改变的人的想法。时间是客观的、没有生命的，也不可能去偏袒谁。当热血不再，当少年白头，当心中最初的期盼被渐渐淡忘在过去，人生就会渐渐失去了前进的动力，找不到努力拼搏的理由，甘愿归于平庸，静静老去。然而试问谁不想让自己的人生更加光芒万丈呢？

存在于意识里的东西，倘若不付诸实践，便永远不会变为现实。不要害怕在逐梦的过程中会出现伤痛和阻碍。人生不存在永久的伤痛，哪怕是切肤之痛，也总会有结痂愈合的那一天；同样，人生不存在永久的障碍，哪怕是铜墙铁壁，也是会有翻越的那一天。只要敢于挑战，一个人总会有战胜困难的那一天，只是这个时间的早晚，全看你有几分渴望，又有几分行动。

李嘉诚是家中的长子，年少父亲早逝，家中清贫，他扛起了重担，辍学去打工。小小年纪的他，早早就感受到了人情冷暖，尝尽了世间百态，性格被磨炼得愈发坚韧不屈，哪怕受了再大的委屈，吃了再多的苦，也都能咬牙吞进肚子里。

后来他将自己多年来省吃俭用积攒的钱都投入进去，创立了长江塑胶厂。谁知刚开始没多久，就遭遇了质量方面的严重问题。他焦虑不已，每天待在工厂里忙前忙后，好在最终挺过了难关。

公司没实力，没名气，没资金，想要闯出一片天，难上加难。李嘉诚积极学习其他公司先进的管理经验，扬长避短，不耻下问，每天都在为公司未来的发展方向而苦苦思考。在最初10年间，他每星期都要工作7天，每天至少工作16小时，晚上还要自修。加上工厂人手不够，他要身兼买货、接单等工作，经常睡眠不足，早上必须用两个闹钟才能起床。

后来一次偶然的机会，他想到了生产塑胶花，这个商机开始给他带来财富。他在香港快于别人一步研制出了塑胶花，扩大了销路，赚得盆钵满溢，也为后来扩大家族企业的势力打下了良好的基础。

李嘉诚虽然现如今身家无数，但仍然告诫后人要不忘初心，诚信经营，用心做事，无论处在什么样的位置，都不要忘记当初的自己。李嘉诚一直都在践行艰苦奋斗的可贵精神，即使到了现在，他也依然活跃在商界。能够居安思危，才是他达到今天如此辉煌成就的重要原因吧。

人中龙凤毕竟是少数，不可能人人都能做出像李嘉诚那般的大事业。但是找对方向，努力坚持下去，遇到困难不轻易言败，人们也会在自己的人生舞台上，演绎出完美的戏剧，活出属于自己的精彩。能如此也就足够了，至少实现了自己的人生价值，在垂垂暮老之时，不会因为没有努力过而后悔。

许多创业者都将李嘉诚视为榜样，并非因为他过人的智商，而是他在创业的途中不管经历怎样的风雨，最终都挺了过来。他对于理想孜孜不倦的追求正是创业者们最受鼓舞的地方。

在电视剧《楚乔传》中，燕北世子燕洵在长安作质子，在遭遇满门抄斩的时候，九死一生逃过一劫。他在长安滞留了3年，受尽了屈辱，其间有无数的仇敌杀手想要取他性命。

而他在长安的日子除了要提防刺杀之外，更为难过的是，他需要与残害自己族人的仇敌共同处事，试问有几人能够在仇敌面前忍辱偷生？可是燕洵做到了，他坚持下去的理由并不是为了苟且偷生，而是希望带着心爱之人回到燕北秀丽山，重新开始自己自由的生活，振兴自己的家族。

他时常和楚乔描绘心中秀丽的美景，那里是自由的所在，是他心中美好的家园。他之所以能够在艰难险阻中活下去，正是因为心中不灭的希望。也正是因为有了光复的理想和故土的召唤，他甘愿在寄人篱下时谨小慎微地活着，因为只有活着，才有希望；只有活着，才能最终到达心中的远方。

倘若一个人没有了希望，那么面对重重危机，走投无路、进退维谷的时候，他就会因为无法承受绝望的重量而全面崩塌。可是，如果一个人能够让心中的信念燃起烈焰，永远朝着心中的远方眺望，那么他就会坚信人生不存在绝路，绝处逢生才是正解。希望的力量能够照亮一个人的思想。坚持下去，总有一天会发现原来自己一直苦苦追寻的远方，就在眼前。

本节小结

鱼与熊掌不可兼得，世间万事万物都遵从着这亘古不变的定律，春花与秋月，硕果与繁花，永远不可能同时获得。想要到达心目中的远方，就要放弃眼前的苟且；想要异彩纷呈的人生，就要放弃贪图安逸的懒惰；想要不断获取进步，就要放弃畏缩胆怯。这就是人生，这就是生活。所以逐梦的人们请保持本心，永远不要遗忘心中的远方，向着光明的方向，无畏地前进吧。

到任何时候,别忘记自己的初心

勿忘初心,方得始终。"初心"二字,就像一颗晶莹剔透的钻石,它闪耀的光芒提醒着人们无论任何时候,都不要迷失自己,更不要放弃最初的梦想和心中的目标,遇到艰难险阻之时,要咬牙坚持到底,要做到有始有终。

大千世界中的万事万物,都按照自身固有的规律运行着。人生同样也是这个道理。不忘初心,无论何时,人们都应把最初的理想深埋在心底,为自己的初心坚持不懈、奋力拼搏。同时,人们应尊重和理解他人的初心。这样,人人不忘初心才会实现各自的人生价值,人类社会才能够不断向前发展。

2005年,乔布斯应邀在斯坦福大学演讲,他这样回忆自己过去的生活:"我总是把一切弄得一团糟,甚至想过逃离硅谷。但是,渐渐地,我开始有了一个想法,我仍然热爱我过去做的一切,于是,我决定从头开始。"

或许从很小的时候开始,人们心中就曾冒出过无数的念头,但人们并不知道哪一个是自己应该坚守的。于是人们去探索、去追寻,希望在奋进的道路上找到自己要坚持的道路。实际上，就像乔布斯一样，很多人在寻找初心的道路上并不顺利，因为很少有人能够站出来为人们做出指引。最终能够明白自己心之所想的只有人们自己。

寻找到初心，是坚持初心的第一步。然而寻找初心的时候，会有许多杂念影响着人们的判断。很多时候人们并不能很快弄清楚自己将要去向何方，更多时候只不过是摸着石头过河。但是人们只要跟随着心的方向去走，就会明白，原来心底隐藏着的竟然是这样一种期盼和心愿。其中有些是自己不愿承认的，有些可能很难实现。可是掩埋在人们心底的种子终会发芽。就像乔布斯一样，在经历过世事之后，在走过南辕北辙的弯路之后，他最终看清楚了自己想要前行的方向。

一旦人们找到了初心，那将是一件值得庆贺的事情。那种感觉就像找到了自己的去路，明确了今后的人生奋斗方向。由于初心是遵循了自我内心的真实想法的存在，因此，在坚持初心的时候，人们虽苦犹甜。

就像《西游记》中，唐僧西天取经的道路上，历经九九八十一难，美色、金钱以及权势的诱惑，数不胜数。但他始终没有忘记自己的初心，翻山越岭，终于到达西天，取得真经，普度天下，最终才成了千古高僧。

因为有了初心，他们在逐梦的路上并不孤独，因为内心早已有了苦中作乐的源头。当然，任何时候看清自己的初心都不算太晚。并不是只有"鲜衣怒马"的少年才能为了梦想肆意狂奔。无论到了什么时候，无论任何人，只要勿忘初心，拼搏不止，仍然会取得很大的成就。

如果一个人放弃了最初的梦想，因为人性弱点而变得颓废松散，整日浑浑噩噩，不愿意付出努力，日复一日重复着枯燥单调的生活，眼睁睁地看着宝贵的时光从指缝中悄悄溜走，这样的人生，同枯木落叶、行尸走肉没有任何区别。

刘向在《战国策》里面曾经说过："行百里者半九十，此言末路之难也。"意思是说，一百里的路途，即使是走到了九十里，也仅仅只能算作是成功了一半，无论是做人还是做事，越是到了最后关头，越是艰难困苦。而当一个人在坚持的路上感到力不从心时，就应该回头看看自己的来路，想一想动身时的初心，然后才会在漫漫来路中看到曾经努力的自己，继而有了坚持到最后的动力，继续朝着最后的关头进发。

现如今，手机已经普及到了千家万户，是现代人必不可少的通信工具。但是谁能想到，贝尔在发明电话的时候，只不过是在试验的过程中，将一个旋钮多旋转了几圈，电话就在这样的机缘巧合之下成功问世。

和许多科学家一样，贝尔在做试验的时候，也曾经历过许多次的失败。倘若他在无数次的试验之后，感到精疲力竭，抛弃最初的目标，转而研究其他的项目，那他还能被后世之人称之为"电话之父"吗？答案显然是否定的。正是因为他坚持了下来，始终不忘初心，才在意外之处，收获了惊喜。

每个人的初心大小不一，内容也各不相同，但是它们具有相似性，它们是人们孜孜不倦的动力，是人们心之所往的神圣之地。拥有初心之人是幸福的，循着初心追逐的人是快乐的。

坚持的路上注定是勇士的独行，唯愿在脚步疲惫的时候，你能够常怀初心，想想来路，然后迎着梦想的方向，坚持前行。

本节小结

有梦就要勇敢追寻，坚持如一，不放弃、不抛弃，哪怕头破血流，艰难困苦，也不要轻易地对自己说不，没有一个人能够轻易否定自己的能力。每个人的潜力是无穷尽的，无所畏惧地拼尽全力，哪怕到最后并没有得到心目中想要的结果，人们也能体会到过程的快乐，感受到生命的价值，在生命的尽头，无怨亦无悔，尽情回味最初的壮志凌云。